【付：DVD データ集】

福岡県北九州市小倉南区の間欠冷泉

満干の潮の研究

藤 井 厚 志

Fujii Atsushi

2017年 5 月27日の大湧出

伝承とともにあった満干谷の間欠冷泉を足掛け35年研究しました。

その実態は予想に違わず私を夢中にさせるものでした。

古老の残した言葉，「満月の満潮に満ちる」は自然の不思議さを実感させ，

感激させるものでした。

その全体像を，全ての観測データと解析結果をまとめた

DVD を添え，紹介します。

より進んだ解析や残した問題が解かれる糸口ともなれば本望です。

【付：添付の DVD について】

本文は理科好きの高校生や一般教養レベルを念頭に自分史的に執筆しました。添付の DVD には全ての観測データ（種々計測値やグラフ，各種動画など）とともに，入門的なレベルでの水文地質学や水力学の解析ファイルが収められています。これらは全て自由なご利用が可能です（ただし学術用に限ります）。ご利用の場合には出典の表記をお願いします。

アプリケーションは Excel, Word です。他にデータベースとして FileMakerPro を使っていますが，ランタイム版としていますので FileMakerPro の有無に拘らずご利用できます。

各ファイルは個別に開くことができますが，ハイパーリンクによるファイル参照などが数多く張られていますので，下記のようにインストールすると参照が便利です。

1. 「満干潮」フォルダには「解析結果」，「月ごと水位グラフ」，「動画」，「満干 DB ソリューションフォルダ」の 4 フォルダ，他に「満干本文 TEXT.doc」，「添付の DVD について.doc」，「ます渕ダム気象データ.xls」の 3 ファイルが入っています。全体で約 1.9GB あります。

2. 「満干潮」フォルダごと，D ドライブの第 1 階層へコピーします。フォルダ名やファイル名を変えたり，D ドライブ以外に置くとハイパーリンクが機能しません。

3. 「満干 DB ソリューションフォルダ」は，データベースファイル「満干 DB.mn7」関連のものです。この FileMakerPro データベースには，全ての発作／停止データや日々の気象データなどが入っています。データベースを使用する際は，最初の起動を以下のように行います。

「満干 DB ソリューション.EXE」をダブルクリックすると，添付のデータベースファイル「満干 DB.mn7」が起動します。他のファイルはランタイムアプリが自動的に使用するファイルです。次回からは「満干 DB.mn7」のダブルクリックで OK です。「満干 DB.mn7」のショートカットを作ってお好きな場所に置いて下さい。ダブルクリックで立ち上がらない場合には，アプリに「満干 DB ソリューション.EXE」を使用する指定を一度行って下さい。ランタイムアプリにはレイアウトモードに入れないなど，若干の制限があります。

FileMakerPro が既にインストール済みであれば，ランタイムアプリに依らず「満干 DB.mn7」を直接に開くこともできます。オリジナルは FileMakerPro v.5.5 で作成されているため，より上位のアプリからは変換して開いて下さい。

【注意】

各種解析ファイル中の赤／緑の太字数字は，サイフォン高と帯水層体積に仮置きの初期値（サイフォン高 60cm，帯水層体積 200 万㎥）を置いて導かれる各種の計算結果を示したもので，互いにリンクしています。これらは最終的な結論（第 2 表）へ至る試算過程の一つです。

赤／緑の太字数字いずこか一つでも不用意に任意の数値あるいは数式などに置き換えたり，行や列の削除，追加を行うと，ファイルの計算表示に変調を起こすことがあります。十分ご注意下さい。カスタマイズが必要な場合には校閲タブの［シート保護の解除］をクリックして下さい。

上記二つの仮置きの初期値を変更し，その計算結果を見るには，ファイル「計算結果」で行います。すべての関連ファイル中の赤／緑数字が各ファイルオープン時にその結果で置換されます。

注：本文および DVD 中の標高値は国土地理院地形図 1 / 25,000（金田）および北九州市基本図 1 / 5,000（Ⅱ－HD36）を，気象データの多くは福岡県北九州県土整備事務所ます渕ダム管理出張所データおよび気象庁アメダスデータをそれぞれ参照し，一部は簡易計測を行いました。

第1図　1975年3月の満干谷の様子（国土地理院電子国土 Web で作成）

第14図　1981年10月の空中写真
（赤丸：間欠冷泉，赤枠：直接流域）

第3図A　ふだんの間欠冷泉（2015.11.21）
［北緯33度43分40.8秒，東経130度50分9秒］

第 3 図B　1988年10月 3 日の大湧出

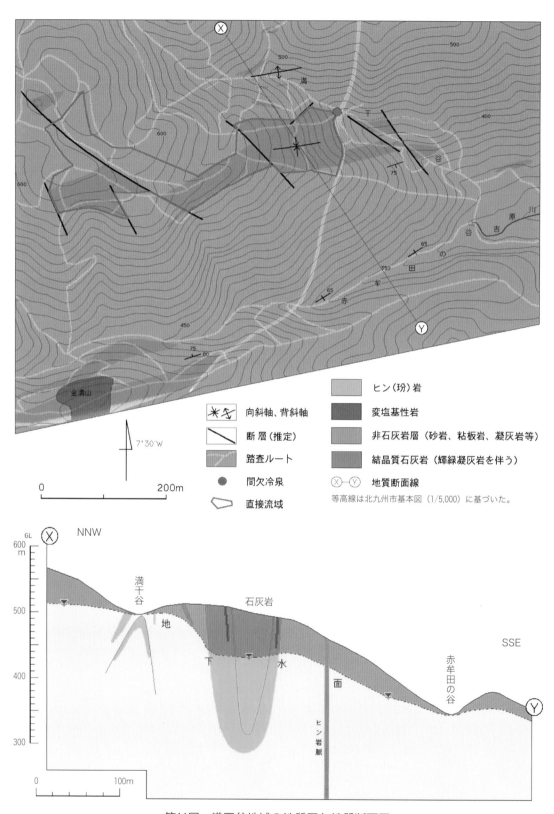

第11図　満干谷地域の地質図と地質断面図

凡例

向斜軸、背斜軸	ヒン（玢）岩
断　層（推定）	変塩基性岩
踏査ルート	非石灰岩層（砂岩、粘板岩、凝灰岩等）
間欠冷泉	結晶質石灰岩（輝緑凝灰岩を伴う）
直接流域	⊗—Ⓨ　地質断面線

等高線は北九州市基本図（1/5,000）に基づいた。

0　　　　　　　200m

7°30′W

0　　　　　100m

NNW　Ⓧ

SSE　Ⓨ

満干谷

地下水面

石灰岩

赤牟田の谷

ヒン岩脈

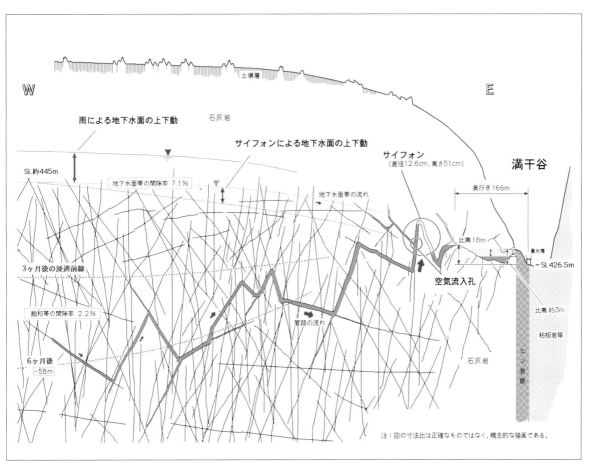

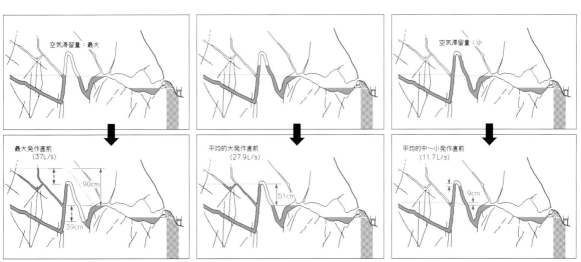

第20図　満干谷間欠冷泉の裂罅型帯水層モデル

　　　　　　　＊サイフォン内の滞留空気が抜けるメカニズムについ
　　　　　　　　ては，ファイル「湧出メカモデル」を参照下さい。

目　次

著者（2013. 1. 8 ）

福岡県北九州市小倉南区の間欠冷泉
満干の潮の研究

プロローグ

1. はじまり

「おーい，そろそろ昼にしようか」

山口憲一さんが弟の繁久さんへ呼びかけました。「オーライ，谷へ下りよう，暑い」

真夏の太陽が照りつける山の急斜面，先年伐採された国有林での仕事です。

ここは福岡県北九州市小倉南区 頂吉の山中，海抜300〜600mの所です。筑豊県立自然公園の一角でもあります。ます渕ダムの上流にある市立かぐめよし少年自然の家から山道を約3km，1時間余り登った所にあります。四十数年前の昭和時代のことです。

水が涸れた谷の中は涼しく，お昼の休憩にはぴったりです。満干谷へ下り，お弁当をとり始めました。「降らんなぁ，街は断水で大変じゃろぅ」

と，その時，ジャワジャワと音を立てながら，落ち葉を巻き込んだ水が谷の上から流れ落ちてきました。「おぅ，こりゃ何事じゃ」

「こりゃ‥‥，潮じゃ。あの潮じゃ。違いない！」

2. 言い伝え

この満干谷には，雨とは関係なく時折り水が湧く，不思議な水源があることが言い伝えられていました。

こんな山の中にも江戸時代には小さな村がありました。今は森となっていますが，谷間の少し広い所には棚田や段々畑の跡がたくさんあります（図版-4）。戦前までは満干谷の麓に2軒の農家がまだ残っていたそうです。ここを「満干」と言います。当然，当時の人たちはこの不思議な水源のことをよく知っており，場所も分かっていたことと思います。しかし，戦後の離村によって，いつとはなしにその場所を知る人がほとんどいなくなりました。ただ言い伝えだけが残っていたのです。

『企救郡誌』(伊東, 1931) には「寛永の頃までは一村なりしが，今は枝郷となれり。 此

村に満干と云処在。常に満干在事，潮の如く，岩間より淡水を吹出すに依，号とす」と述べられています。

満干谷からずっと下流にある頂吉の村人たちは，雨も降らないのに時々小川（吉原川）の水が増えることを今もよく経験しています。これを村人は昔から「潮が満ちた」と呼んできたのです。きれいな川水で洗い物をし，うっかり置き忘れたものがあると，いつの間にかそれが下に流されてしまうことがあるから，気をつけるようにとも言われてきました。

崎田貫兵衛さんは物知りで，話し好きの頂吉のお年寄りでした。1971年に下流のます渕ダム建設のためになくなった頂吉小学校の先生たちによくいろんな話をしていました。その一つにこの話がありました（岩尾ほか，1972；藤井，1988a, b）。

「川を上った所にある満干谷には不思議な水源があって，時々湧く。雨には関係ない。日照りが続いて，これ以上降らんと田畑はどうもならん，そんな時必ず満ちる。満月の満潮に満ちる。行橋の海につながっている」。若い先生たちは，そんなことあるかいと思いながらも何度も貫兵衛さんからその話を聞かされました。

〰〰〰〰〰〰〰〰〰〰〰〰〰〰〰〰〰〰〰〰〰〰〰〰〰〰〰〰〰〰〰〰〰〰〰

3. 憲一さんたちの目撃

憲一さんたちはお昼をとるのも忘れ満干谷を上っていきました。100mほど上っていくと，その水は大小の岩が積み重なった斜面の小穴から勢いよく流れ出ていました。

「こりゃあすごい，滝だぞ」，「おぉ，本当に下の川が増えるぐらいじゃ」，「潮の話は本当じゃった」と，しばらく様子を眺めていましたが，水量が減る様子もなく仕事へ戻りました。夕方，もう一度見に行った時には止まっていました。

この話を聞いた村の人たちもその潮の湧く様子を見たいと，山仕事の合間に現地を訪ねました。しかし，少量の水が湧いていたり，落ち葉の様子に大きく湧いた跡を見ることはありましたが，憲一さんたちが目撃したような大湧出に出遭うことはありませんでした。

後に私が調査を始めて間もなくの頃，湧き口の内から朽ちたコーラの空き缶が出てきました。村人たちが次に来る時までに潮が湧いたか否かを知るために，置いたもののようです。その製造年月日刻印（7423）は1977年で，卸関係者によると市場から半年でなくなる程度を考えて出荷量を調整しているとのことでした。

初期の調査

4. 調査の取りかかり

　私はこの不思議な水源の存在を『北九州を歩く』(海鳥社, 1987) という街歩きガイドブックで知りました。矢も楯もたまらずその日の午後，車で村を訪ね何人かの村人から話を聞きました。

　私は大学と大学院で地質学を学びました。最初の勤めでは農林関係の地質地下水行政の仕事にたずさわり，後に縁があって北九州市の自然史博物館に勤めるようになりました。また学生時代から中年の頃まで趣味として洞窟探検に熱中し，山口県の秋吉台など石灰岩地帯の洞窟をいくつも探検しました。地下から地質の様子を観察できるということも，専門性とあいまって性に合ったようです。化学を専攻するつもりでしたが，洞窟探検を通して地質学への興味が強くなり，教養課程から専門課程への 2 年次進学の直前，U 先輩の言葉が引き金となって変更しました。

　2 年次の夏休み，クラブの県外合宿で岡山県阿哲台の洞窟探検に遠征しました。草間小学校の宿直室を借りての合宿でした。少し歩いた所で，阿哲台を深く侵食した佐伏川の崖下に古くから潮滝と呼ばれてきた国指定天然記念物の「草間の間欠冷泉」がありました。

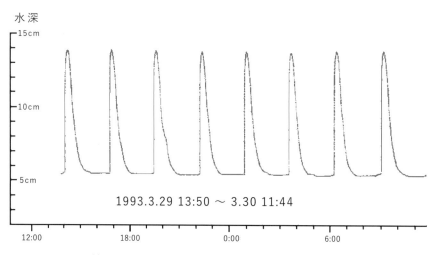

第 2 図　岡山県新見市，潮滝の間欠現象（流況）

潮滝は，石灰岩中の小穴から時間を置いて定期的に地下水が流れ出る不思議な湧き水です。そう多くはありませんが，雨の多少によって約２時間半から約10時間の間隔で地下水が流れ出ます。

　第２図は後に私が1993年３月29日から翌日にかけて観測した時のものです。規則正しく163±４分の周期で湧いているのが分かります。最大流量は毎秒約10ℓです。

　このような湧き水を学術的には間欠冷泉といいます。世界的には100カ所程度だろうと述べた論文もありますが，石灰岩の多い中国や東南アジアでの統計がなく，よく分かっていません。

　日本では満干谷の外にこれまでに４カ所が知られています（第１表）。内１カ所は活動が停止中です。全て石灰岩地帯にあります。地下水が貯留する地下の空洞と，そこから流れ出る排水管がサイフォン（後で説明します）を作っている時に見られる現象です。ストーブにポリタンクから石油を入れる時に使う用具もサイフォンの原理を応用したものです。

　ちなみに熱湯の温泉が湧くものを間欠泉と呼び，今では間欠冷泉とは区別されます。これは地下において減圧沸騰が起きるために生じる別の現象で，サイフォンとは無関係です。多量の二酸化炭素が溶けている時には低温でも同様の間欠現象が起こります（島根県木部谷温泉など）。

　私は，「間欠冷泉だ！」と思ったのです。学術的にはまだ未報告のものらしい。しかも相当大型のものに違いない。まだ知られていない大きな洞窟もあるかも知れない。「上り道が自然と谷を渡る所で，大岩の上に大きなカヤの木がある」と村人におよその場所を教えてもらい，何度も訪ねましたが分かりません。憲一さんに案内をお願いし，やっとその場所が分かりました。

5. 月の影響がある？

　1987年８月から時間をとっては繰り返し足を運びました。大抵は涸れていましたが，少量の水が20〜40分くらいの周期で増えたり減ったりしながら湧いているのには何度か出遭いました。

　９月23日，同じくわずかの水が岩間に増えたり減ったりしながら出ていましたが，観測を続けていると11時15分頃から流量が急減したまま元に戻らず涸れてしまいました。この日は沖縄地方で金環食が見られた日でした。北九州地方はあいにく曇り空で，日食は見られませんでした。今頃沖縄では見事だろうなぁ，と空を見上げつつ観測していた

その時刻に，地下水の湧き出しが止まったのです。

　もしかすると地球潮汐（地殻潮汐）の影響があるのかも知れないと感じました。貫兵衛さんの話にもつながるのかも知れない。

　地球潮汐とは，月や太陽の引力，月の公転による遠心力などが働き合って生まれる潮汐力（起潮力）のために，固体の地球が周期的に変形する現象を呼ぶものです。海の干満と同様に日に2回，地表面が力の方向に20〜30㎝膨らんだり縮んだりします。海洋潮汐と違って時間的な遅れがありません。

　地球潮汐によって深いボーリング孔内の地下水の高さ（水位）が内陸部においても日々周期的に変化（酒井，1965）したり，地下深くから湧き上がる温泉の湯量が変わるといったことなどは，どこででもというわけではありませんが，以前から知られていることです。日食の日には月と太陽の方向が重なりますから，その影響はいつもよりも大きくなります。地球潮汐が最大となった時刻に地下水位が下がり，サイフォンが停止したのではないだろうか？

　こういうこともあって，私の調査にますます熱が入ることとなりました。私には石灰岩と洞窟，地下水，地質と四拍子そろったような研究対象です。

6. 水はどのように，どのくらい湧くのか？

　翌1988年，幸いにも文部省の科学研究費補助金を得て自記水位計を設置し，7月から観測を開始しました。また後に(財)創生奨学会の助成をいただきました。国有林の中であるため，所管の直方営林署への入林許可申請が必要でした。

　自記水位計では，時間と共に変化する湧き口の水位を連続的にペンで時計仕掛けの記録紙に描きます。アナログ式の器械であったため，週に1回は記録紙の交換に出かけねばならず大変でした。時間雨量69㎜（日雨量120㎜）のゲリラ豪雨で新品の水位計が流失したこともあります。

　でも苦労のかいがあり，突然の湧き出しが絶えずあることが分かりました。深夜に湧いていることも数多くありました。その間隔は数時間から1週間以上にまでいろいろに変化し，不定期でした。時々目撃していた短い周期の流量増減は，個々の湧出の後半に現れることが分かりました。

　規模は大小様々で，憲一さんたちが出遭ったような大きな湧き出しは月に1〜2回くらい，多くはずっと規模の小さい湧き出しのようでした。小さい規模の湧き出しは数時間でストップしますが，大きい規模のものは半日以上も続いていました。複雑な水理構

造のような予感がします。

　この初期調査段階では，刻々と変化する流量を毎秒何リットルと具体的な数値で示すことはできませんでした。しかし間欠冷泉であることははっきりしました。湧き出しが始まる時刻やストップする時刻を調べると，何かしら集中する時間帯があるようにも見えます。

　間欠冷泉からはいつも非常に澄んだきれいな真水が湧きます。その水質を市の水道局水質試験所で調べてもらいました。カルシウム分のある非常に良質の水でした。しかし石灰岩から湧く水にしては少し少なめでした（総硬度72）。このわけは第14節で明らかになります。余談ですが2016年４月14〜16日の熊本地震の時には，６日後の訪問時に少し白濁した水が湧いていました。

　1988年10月３日正午前に初めて最大級の湧き出しに出遭いました（第３図B）。その量は想像していた量よりもずっと多く，下流の小川の増水もさもありなんと感じるほどでした。この湧き出しではその開始から９時間後に短周期の流量増減が始まり，17時間後に涸れていました。

　翌年３月までの連続観測で大小47回の湧出がありましたが，その内10回は満月や新月の頃に湧いていました。少し多いような気もします。でも，たった８カ月の調査でしかありません。たまたまのデータかも知れません。10月28日を最後に翌年１月24日までは全く湧きませんでした。

　もっと長い期間，精度を上げた調査が必要と思われたので，こういったデータや課題について北九州市の教育委員会（旧文化課）に相談したところ，いろいろ検討されて教育委員会として流量観測のできる調査を行うことが決定されました。量水槽が設置されるんだ，と嬉しく思いました。多分何百万円かはかかるでしょう。

7. 教育委員会の調査

　1989年８月，教育委員会から委託された専門業者によって量水槽が完成しました。量水槽とは，湧き口の下方に設けた取水堰から湧き水を全て取り入れる大きな水槽のような装置です。水槽から水が流れ出る堰口の深さによって毎秒何リットルと正確な流量換算ができます。

　しかし残念なことが続きます。８月末から翌年２月まで(株)パスコによって観測が続けられたのですが，９月は雨が続いたために間欠性を失い連続的に流れ続けました（洪水のような状態）。

さらに10月から12月にかけて今度は雨が異常に少なかったために，11月中旬から翌年の２月下旬初めまで水が全く湧きませんでした。もっとも全く湧かなかったといっても０（零）ではなく，毎秒数デシリットルのわずかな量がいつも湧いています。冬場に長く涸れることは前年にも経験していましたが，２年連続するとは予想もしませんでした。間欠的なデータが得られたのは８月末と10月，11月上旬，そして翌年の２月の終わりだけでした。大小27回の湧き出しが記録されましたが，その内20回は10月に湧いていました。９月に雨が非常に多かったためです。

　大きな湧き出しは，最大流量が毎秒25ℓと28ℓの２回が観測されました。次第に流量が減り，毎秒７ℓくらいまで減水すると前述のように短い周期で流量が増減を始めます。そして最後に突然停止します。湧き出しが続く時間やその間隔など，前年と同様様々でした。

　教育委員会の報告書（1990.3）では，大型の間欠冷泉であることが改めて確認されましたが，地球潮汐との関係については間欠データの得られた期間があまりに短く分かりませんでした。しかし満月の10月14日（月相13.2）には午後４時に大きく湧き出していました。

　月相とは月の満ち欠けの形を表わしており，月と太陽の間の角度を意味します。360°を28とし，新月が0，満月が14，上弦と下弦がそれぞれ７と21となります。よく使われる月齢とは異なります。ふつう正午時点での値を示します。DVDに添付したデータベースファイル「満干DB.mn7」中で，満月，新月，上弦，下弦と入力されている日は，それぞれ正午の月相が13〜15，27〜1，6〜8，20〜22の日を表したもので，「＊＊の頃」の意です。

　また11月中旬から106日に及ぶ休止の後，最初に湧いたのは翌年２月24日（月相26.8）午後６時，新月の前日に大きく湧き出しました。が，少ないデータ数の中では統計的に何の意味もありません。満干の水神様はちょっと意地悪だったようです。

　加えて，この年と前年の長期に涸れたデータは後に重要な意味をもつことが分かったのです。後で詳しく述べますが，植林の状態が影響している現れだと考えられるのです。せっかちに判断せず，物事は長期的に見ることが大事だと水神様は教えてくれていたのかも知れません。頂吉の上田義高さんには，教委調査終了後もお願いして５月まで水位計観測を続けていただきました。

本格調査へ

8. 2012年からの本格調査に向けて

　その後，2002年春には勤めていた市立自然史博物館が同歴史博物館や同考古博物館と一緒になり，大きな「いのちのたび博物館」へと統合され，秋に八幡東区の旧スペースワールド隣地に新しく開館します。それに向けての様々の会議や移転準備，開館後の活動で忙しく，時折り訪ねてみたりはしましたが，調査からは少し離れていました。

　その頃1999年11月から翌年5月まで，香春町の桃坂豊さん（福岡県文化財保護指導委員）からボランティアで水位計観測の申し出をいただきました。ちょうど「いのちのたび博物館」建設の起工直後で，本当に有り難かったです。

　一方，満干谷の間欠冷泉はその動きがなかなか複雑で解析が難しいため，より教科書的な動きをする他の間欠冷泉も少し調べてみたいという思いも当初からありました。そうして2012年までの間に岡山県新見市（潮滝）や広島県庄原市（一杯水），熊本県球磨村（息の水），福井県越前市（時水）などの間欠冷泉を調べて回りました。前二者についての研究が私の学位論文です。

　福井県の時水については川上一馬さん（越前市）の大変な助力を得て，1995年11月から2012年まで継続観測を行うことができました。「満干の潮」とよく似た複雑な湧き方をし，そのメカニズムについての考察（藤井・川上，2013）が後でずいぶんと役立ちました。

　こうしてようやく2012年7月，再び調査に取りかかる準備ができました。量水槽や取水堰は設置後23年経っていましたが健全でした。従来のアナログ式水位計はデジタルの水位計測ロガー（セネコム TruTrack SE-TR/WT250）に替え，精度が格段によくなった上，水温や気温も同時に計測できるようになりました。

　何よりもよかったのは，これからはお天気を気にせず，都合の良い日を選んで行けることでした。ロガーのメモリは最大3週間もちます。取水堰の目詰まりなどのメンテナンスのために1〜2週間置きには訪れねばなりませんが，既に定年退職をし，時間を自由に扱える身です。

　これに先立つふた月程前，こんな苦いこともありました。ある日香春町の文化財を取材中のRKBテレビのチームと出会い，気軽く「梅雨前なら何日かキャンプすれば大き

第1表 日本国内の間欠冷泉一覧

	満干の潮 (福岡県北九州市 小倉南区)	潮滝 (岡山県新見市)	一杯水 (広島県庄原市)	時水 (福井県越前市)	息(呼吸)のみず (熊本県球磨村)
よみ	みちひのしお	しおたき	いっぱいみず	ときみず	いきのみず
位置	北緯33度43分41秒 東経130度50分9秒	北緯34度56分23秒 東経133度33分55秒	北緯34度53分2秒 東経133度15分29秒	北緯35度52分36秒 東経136度16分3秒	北緯32度16分36秒 東経130度36分51秒
文化財指定		国指定天然記念物 (草間の間欠冷泉) 1930.8.25		県指定名勝 1992.5.1	
最大流量	2〜37ℓ/秒	8〜11.5ℓ/秒	10〜11ℓ/秒	2〜17ℓ/秒	12ℓ/秒
間歇性周期	数時間〜3週間	2.4〜約10時間	約20分〜約4時間	約20分〜12時間以上	14〜20分
貯留槽容積	約790m³	約10m³	1.8m³	20m³＋	?
立上時間	3〜45分	約9分	70数秒	7〜11分	約8分
備考	裂罅型帯水槽モデルが適用され、発作の開始や停止の時刻に地球潮汐の影響が見られる。	空洞型貯留槽モデルが適用される。定期的に湧くが、少雨で周期が長い時には出遭えないことも多い。	1972年以降、間歇性が途絶えているが、長年月にわたり間歇性が途絶えたことが江戸時代にも二度ある。空洞型貯留槽の底部にサイフォンとは別の排水口があると考えられている。	空洞型貯留槽モデルが適用される。周期が比較的に短く、発作に出遭えないことは稀。	空洞型貯留槽モデルが適用される。球磨川縁にあって雨時には水没するが、周期が短いのでよく観察できる。
出典	藤井(1988a, 2018, 2020) 本研究	藤井(1998)	吉村・川田(1942) 藤井(1998)	藤井・川上(2013)	小川(1910) 村上(1920) 2001.8.20未公表データ

な湧き出しを絶対に撮影できます」と，桃坂さんと満干の紹介をしたのです。私たちの話を信じたOディレクターは，6月4日から2泊徹夜のキャンプを企画，実施され，私たちも一晩お付き合いをしました。

　ところが水神様はご機嫌悪く，水は一滴も湧きませんでした。大変申し訳なく，気合いを入れて自分でやらにゃいかんと肝に銘じ，本格調査への準備を急ぎました。

　こうして2012年7月末から3分間隔での流量，水温，気温などの計測を開始し，2019年12月まで続け，その後は補足の観測などを折々に行いました。谷水の水温や夏場に湧出孔から流れ出る冷気の温度なども同じように計測しました。

　NHKのKカメラマンからは，本格調査を始めた後に一度現地取材を受け，撮っていた動画をお見せしましたが，ぜひ自分自身で撮影したいとのことでした。K氏らは翌日から9日連続で夜明けから日暮れまで毎日登山されたそうです。

　その日，雨模様になったので早めに撤収し下山しようとしたその時，湧き出しました。大慌てで荷をほどき，プロカメラマンに似合わず興奮して撮影したとの話でした。失礼ながら，つい自分の体験も想い出し笑ってしまいました。後日に回収したロガー記録には，初日の夜半と7日目（月相15.3）の日没時にずっと大きい規模の湧き出しがありました……。

9. 流量観測

　縦軸に流量もしくは水位（水深），横軸に時間をとって作ったグラフをハイドログラフと呼びます。これによって間欠冷泉の湧き方が一目で分かります（第4図，第5図）。

　大小様々の突然の湧き出しがあることが分かります。周期（一定の繰り返し）は特にないようです。2月上旬から中旬にかけてのやや長い休止は，冬場の少雨が関係しているように思えます。3月に入り雨が多くなると間隔が全体に短くなっています。

　大雨があると間欠性が消えます。サイフォンが停止する直前の流量（停止時平均流量）を超える供給があると，理論的にもストップしません。短い周期の流量増減を繰り返しながら，いつまでも何日も流れが続きます。やがて大雨の影響が消えるだけの日数が過ぎ，供給量が停止時平均流量を下回ると再び間欠性が現れます。雨の量にもよりますが，数日から2週間くらいこのような洪水状態が続きます（第4図）。もっと長いこともあります（2016年7月の例）。

　最大級の湧き出しでは，最初に30〜37ℓ/秒の流量が計測されます。次第に流量が減り，湧出の後半には毎秒10ℓ以下にまで下がります。毎秒7ℓくらいまで下がると流量

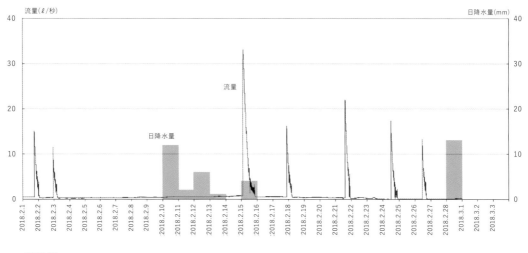

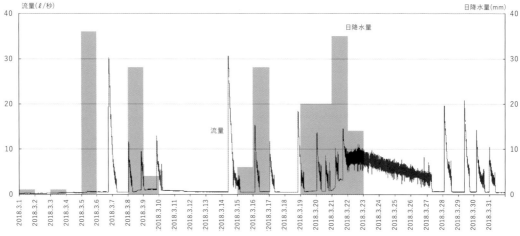

第4図　2018年2月〜3月のハイドログラフと日降水量

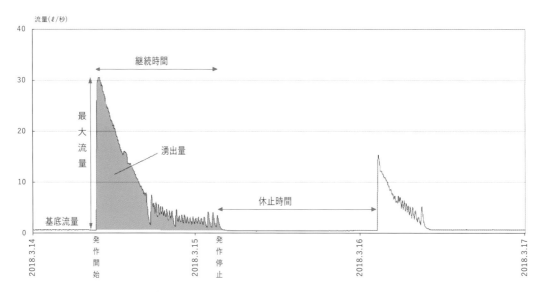

第5図　2018年3月14〜16日のハイドログラフ
（図中の休止時間は3月16日の発作に関連づけられます）

が規則正しく増えたり減ったりを始めます。周期は12分から30分くらいですが，時間とともに次第に長くなる傾向があり，より長くなることもあります。時々不整脈をはさみます。最後に水は突然出なくなります。

　大きい湧き出しは半日ないし１日くらい続きます。これを継続時間と呼びます。中／小規模のものでは継続時間が半日〜数時間で，そのハイドログラフは最大級の湧き出しが示すハイドログラフの半ば以降に当たります。湧き出し規模の区分として，最大流量の頻度分布に基づいて22.5ℓ/秒以上を大，短周期の流量変化が顕著になる７ℓ/秒を境に中／小，と便宜的に区分しました。小規模の湧き出しでは，開始直後から短い周期の流量増減が見られます。大湧出が始まる時の様子を動画ファイル「20130404 大湧出」でご覧下さい。

　ハイドログラフを作って間欠冷泉の湧き方が詳しく研究されたのは，日本では広島県庄原市東城町の一杯水が最初です（吉村・川田, 1942）。仲佐（1941），北田（1942）らも一杯水の突然の湧き出しを「発作」と記述しました。これらに従って以降は突然の湧き出しを「発作」と使用します。一杯水は残念ながら1972年７月の豪雨以降，間欠性が途絶えています。

　一杯水では発作の直前に遠雷のような響きがしたようです。サイフォンが湧き口のすぐ奥にある証です。流量が増え始めて１分余りで最大流量に達しました。発作の大きさによりますが，満干谷では10分から40分くらいです。サイフォンは相当の奥にあると考えられます。

　流量の増え始めから最大流量に達するまでの時間を立上時間と呼んでいます。河川水文学ではこの時間を到達時間と呼びますが，間欠冷泉の発作は言わば上流にある溜池の決壊で生じた洪水流に譬えられ，意味合いが異なるために別の呼称としました。

　満干谷の最大級発作では，流れ出る水の総量（湧出量）は700m³以上もあることが分かりました。最大記録は843m³です。小学校の25mプール２〜３杯分です。これくらいの水が流れ出るのですから，下流の小川の水が目に見えるくらい増えるというのも頷けます。

　７年間（2013.1〜2019.12）のデータを平均すると，大小合わせて月に13.6回，その内2.6回が大発作，中発作9.8回，小発作1.2回という統計が得られました。

10. サイフォンの作用

　先に間欠冷泉はサイフォンの作用によるものだと説明しました。他にもサイフォン説

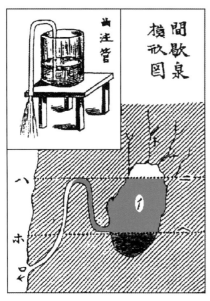

第6図　岡山県，潮滝の水理
構造モデル（山本，1895）

とは違った考え（水唐臼説，水門説，堆積物塞栓説）が提案されたこともありますが，自然界の現象として現実的なものではありませんので説明は省略します。

　ここではサイフォンの動きを少し詳しく見てみましょう。第6図は岡山県の潮滝において，日本で初めて間欠冷泉がサイフォン説によって解説された時のものです。この図に分かりよく色を付して説明しています。サイフォンSiphonの語は「曲注管」と訳されています。

　イの空洞に，地下水がハ〜ニの高さまで溜まると逆U字形の管路（サイフォン）を水が流れ始め，ロから排出されます。発作の開始です。最初は激しく流れ出します。次第に流量を減じながら空洞内の水位がホ〜への高さまで下がると，管路内に空気が吸い込まれ発作は停止します。そして空洞内に地下水が溜まり始め，ハ〜ニの高さまで水位が上がると再び発作が始まります。

　この繰り返しが教科書的な間欠冷泉の発作メカニズムです。この場合，流れ出る水の総量は毎回同じです。また流れ始める時の最大流量や発作の周期も一定しています（第2図）。

　次に管路の出口が水中にある時のことを考えてみましょう（第7図）。出口側で水深分の圧力がかかるために，空洞内の地下水はサイフォン頂部よりも上の高さまで貯留します。そのために1回の発作で流れ出る総量はずっと多くなり，発作開始直後の最大流量も大きなものとなります（最大発作直前の図参照）。流量は高さ（水頭）の平方根に比例します（トリチェリの定理）。このように洞窟性の空洞が貯留槽を作っている場合を空洞型貯留槽モデルと呼びます。

　満干谷のサイフォンではこれに加え，発作の初期からごく少量の空気（流れが中断せずサイフォンが停止しない程度の）を吸い込みやすいという特性があるようです。空気量（泡）分だけ水の量が減ることで，不規則な流量増減が生じると考えます。管内の流速が小さくなるにつれ，断続的な吸入から安定した吸入（渦の作用？）へと変化し，少量の空気が一時的にサイフォン上部に滞留を始めると，短い周期のリズミカルな流量増減が始まるのだろうと思います。

　また貯留槽がほぼ空になりサイフォンが停止する時，管内に吸い込まれ滞留する空気

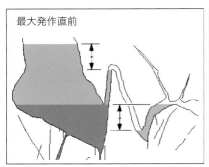
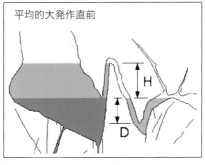

H：サイフォンの高さ
D：サイフォンで出口の
　　深さ

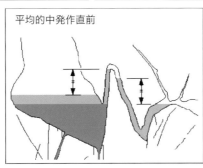
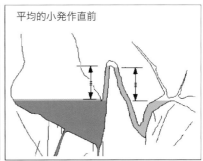

第7図　サイフォン出口が水中にある場合の貯留の様子（空洞型貯留槽モデル）

量が多いか少ないかの偶然性によって，大小様々の発作が次に始まります。休止時間や周期も一定の長さとはなりません。サイフォンの出口が水中にあるために空気の滞留が起こりやすいと考えられます。空気のほぼ完全流入が起きた時にだけ，最大級の発作が次に始まります。管内に滞留した空気が抜けるメカニズムについてはファイル「湧出メカモデル」を参照下さい。

　第8図の2017年7月21日のハイドログラフには，発作開始の初期から空気が吸い込まれやすいという特徴がよく表れています。早い段階から空気流入がよく起こったと思われます。つづいて流量が毎秒7ℓくらいに低下した段階で短周期の流量増減が顕著に始まります。しかし7月23日のように，前半の不規則な増減はそうは現れないことの方が事例としては多く見られます。

　これらが満干谷の間欠冷泉が非常に複雑な動きをする説明です。サイフォン中に空気を吸い込みやすく滞留しやすいという性質，単純な形の管ではないようにも思われます。どんな管構造なのか，工作実験も行ってみたいですね。

11. 水温観測

　ハイドログラフに水温と気温の変化を重ねてみましょう。第8図は2017年7月のも

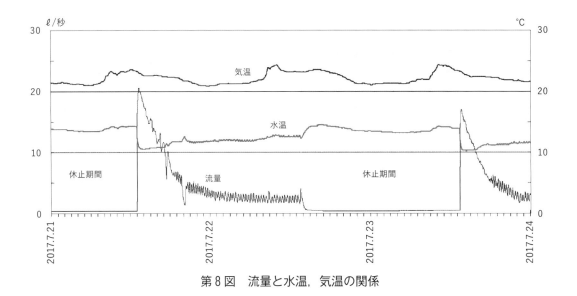

第8図　流量と水温，気温の関係

ので，黒線が気温，青線が水温の変化を示しています。

　間欠冷泉が湧いていない休止期間（影部）の流量を基底流量と呼びます。休止期間では水温と気温の変化の傾向がよく合っています。流量が少ないために，気温変化が水温に大きく影響して現れているのです。水温と気温は湧き口ではなく，量水槽内で水位と共に計測されています。

　サイフォンが働き始め大量の地下水が流れるようになると，水温は急に下がります。流量が減少すると，水温は次第に元に戻ります。発作の後半に短い周期で流量の増減が始まると，それに合わせて水温のわずかな低下，上昇の繰り返しが起こります。

　これらは全て気温と流量との相互関係から生じる現象です。湧出孔がガレ場にあるため，その影響が一段と強く現れます。気温の影響を受けない真の湧水温を計測するためには，湧出孔奥の割れ目内の深所で行わねばなりませんが，今のところ手立てがありません。

　冬には夏と逆の関係が観察され，サイフォンの発作が始まると水温は逆に上がります。夏とは上下逆の水温曲線を描きます。つまり発作開始直後の極値（上がりきった，もしくは下がりきった時の温度）が真の湧水温に最も近いと考えられます。7年間（2013.1～2019.12）の発作時極値の平均は12.1℃です。

　標高430mに湧く地下水としてはやや低めかなという感じがします。近くにある平尾台の集落面（標高360m）のドリーネに湧く地下水では，平均14.1℃（2020.11.14～2021.7.13：毎時計測）です。

　間欠冷泉の大発作時の湧水温が示す7～8月の極小値平均は10℃，1～2月の極大値平均は13.6℃でした。発作時水温は夏に低く，冬に高い傾向があります。他社製の水温

／気温計測ロガーではこれほどの変化を示さないことも経験しました。おそらくセンサーの応答速度の問題だろうと思いますが，水温についてはより詳細な研究の余地が残っています。

　夏場に干天が長く続く時には発作時水温は低めを示します。雨が続く時や大雨時には高めを示します（例. 2016年7〜8月）。地表からの浸透水の量とその水温に関係があると思えます。岩盤中に浸透した雨水は重力に従って割れ目を下方へ流れ下り，やがて岩層中の間隙という間隙はほぼ地下水で満たされたゾーンに達します。このゾーンの上面を地下水面と呼びますが，強雨直後の浸透流は比較的短時間で地下水面まで達するように思われます（第20節に詳述）。

　水温の年変化から考えると，この間欠冷泉に湧く地下水の主体は半年前に降った雨が遅れて湧き出ているのだと考えられます。地下水面帯の浅い所にある水ではなく，おそらくもっと深い所（飽和帯）にある地下水が湧き上がって出ているのだと思われます。地下水面帯の水であれば，季節とあまり時間差のない温度変化を示すだろうと考えられるからです。将来的には染料などのトレーサーを用いた実験も望まれますが，難しい点もあります。

　初夏から初秋の夏場，間欠冷泉の休止中に湧出孔から流れ出る冷気の温度が小さな季節変化を示しますが，この考えに少し関係しています。これについては次の節で紹介します。

12. 煙突効果と冷気

　間欠冷泉の発作メカニズムとは直接の関係はありませんが，発作が休んでいる時には湧出孔から冷気が流れ出ます。発作が始まると冷気の吐出は止まります。6月から9月にかけてよく見られますが，気温の高い日には他の月でも時々見られます。冬には逆に孔内に外気を吸い込んでいます（第9図）。

　これは煙突効果による気流の動きです。煙突効果とは，外気と地下の温度差によって地中の空気が空隙を通って出入りする現象です。冬には地下の暖かい空気（密度が小さい）が割れ目内を地表に向けて上がっていきます。夏には山裾の穴から冷たい空気（密度が大きい）が流れ出ます。秋吉台の秋芳洞や平尾台の千仏鍾乳洞を訪ねたことがある人はたいてい経験があるでしょう。火山の熔岩地帯などでもしばしば見られる現象で，「風穴」の名前がよく付けられています。

　間欠冷泉の湧き口内で計測した冷気の温度変化（月平均）を外気温と比較して第10図に

第9図　湧出孔から出入りする気流の様子　（左：夏季　右：冬季）

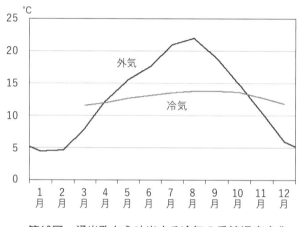

第10図　湧出孔から吐出する冷気の季節温度変化

示しました。全体的に見れば，外気の年平均に近い範囲に小さな季節変化を示しています。最高月は8〜9月で外気温よりも約1カ月遅れています。地下水面に近いゾーンの地温をほぼ示していると思われます。風量から見て山の上に煙突の出口に当たるような大きな穴は無いと思われます。地表に露出した石灰岩の小さな割れ目を通じて分散的に気流の出入りがあるのでしょう。

---

13. 石灰岩の分布 （地質）

　これまでの説明から「満干の潮」はこの辺り一帯の山上（標高600m前後）に降った雨が石灰岩中に浸透し，およそ半年後にサイフォン構造をもった水みちを通って湧き出ているということがお分かりだろうと思います。水温が少し低いことも，このように考えると頷けます。この石灰岩の岩層がどのように分布し，どのくらいの広がりをもっているのかを調べました。

　露頭を探して谷や森の中を調べて回ります。岩種やその分布，岩層の傾きや方向などを詳しく調べると，およその地下の構造も推定することができます。このようにして得た結果を地図に表します。これを地質図（第11図）と言います。が，ここでは樹木の繁茂

が激しく露頭状況も良くないために調査精度に限りがあります。

　石灰岩は満干谷の西側に，幅50〜100m，長さ約500mほど東西に伸びていることが分かりました。南側の香春町地域に広く貫入している花崗閃緑岩によって，この地域全域が弱く熱変成作用を受けているために，石灰岩は結晶質に変わっており化石は見つかりません。しかし既存の知見を総合すると，この地域の岩層は古生代後期，約3億年前の海成の地層群です。

　石灰岩の分布は断層によって連続性が分断されていますが，東西方向の軸をもつ褶曲構造（地質断面図参照）を作っているようです。このような褶曲構造は東隣の頂吉〜呼野地区で戦後に大規模に開発された旧吉原鉱山（銅，鉄など）の地下構造にも同じように認められています。

　間欠冷泉は石灰岩層の東の端が満干谷と交差する所，つまり石灰岩体の最も下流側に開口しています。石灰岩の分布面積は延べ2.48haです。石灰岩の分布と等高線の形状から判断すると，この石灰岩体を含む3.93haの区域への雨が間欠冷泉へ流れ出ていると推測されます。この3.93haの区域を直接流域と呼びます。流域とは雨水を集める範囲を指す用語です。

　また，地質調査ではこんなことも分かりました。満干谷を上りつめた標高620mの山上は少しなだらかな丘陵地形を示しています。ここに年中涸れない沼池（図版−8）が一つあり，石灰岩地形の一つであるドリーネ湖と分かりました。地形学的に興味が湧きます。間欠冷泉をもつ石灰岩層とのつながりはないようです。池底に厚い白色粘土の堆積（阿蘇カルデラ起源の火山灰？）　があるために，水が抜けないようです。『豊前国風土記』（奈良時代初期）に記されている沼かも知れません。

　次にもう一つ，間欠冷泉の湧き口の傍に玢岩というマグマ性の岩石が幅数mの脈を作って谷を横切るように伸びていたのです。この岩石名は少し古い呼び方ですが，半深成岩の一種で化学組成が安山岩質のものです。

　北九州地方でこれまでに行われた多くの地質研究者による調査から，この種の玢岩脈は今から約1億年前，この地方が全体に地下数km〜10kmの深さにあった頃，さらに深い所からマグマとして貫入してきた岩脈（壁状のもの）だと分かっています。同種事例はあちらこちらにあり，珍しいものではありません。この岩脈が当時の地上にまで噴出していたかどうかは分かりません。多分，出てはいないでしょう。

　この玢岩の岩脈を追跡しました。約800mにわたって北北東〜南南西に伸びていることが分かりましたが，その両端先は未調査です。岩脈が南南西方で赤牟田の谷と交差する所には「吉原の滑め滝」と呼ばれる落差20mほどの滝があります。玢岩の熱によって側の岩石がホルンフェルス化し，谷の侵食に抵抗してできたものです。ホルンフェルス

とは熱変成作用によって鉱物組成や組織が変化し，硬くなった岩石のことを言います。満干谷も間欠冷泉の下で勾配が急になります。

　石灰岩は炭酸カルシウムを主成分とし，少しずつ水に溶ける化学的性質があります。そのために大きな鍾乳洞もできるのです。間欠冷泉の水みちも石灰岩の割れ目（裂罅^{れっか}）や地層面に沿ってできているものと思われます。裂罅とは本来は裂けて開いた大小の割れ目を指しますが，石灰岩中のもののように溶食作用が働いて拡大したものにもよく使われている用語です。

　こういう性質によって石灰岩層には地下水が溜まりやすく，また流れやすくなります。しかし玢岩にはそのような性質がありません。地下水をほとんど通さないのです。間欠冷泉の湧き口はこの玢岩脈のすぐ上にあります。石灰岩層に貯留している地下水は，まるでこの岩脈が作る地下の壁に堰き止められているかのようです。

　そうです。地下において上流側に分布する石灰岩層に対して，この玢岩脈はダムの役割をしているのです。岩脈が満干谷を横断している所で，年月と共にダムの頂部は谷の流れによって少しずつ侵食され低くなっていきます。ダム湖（石灰岩層）に溜まった地下水は，ダムが一番低くなった所に向かって流れ，溢れ湧き出ているのです。流れ出てくる途中の水みちにサイフォンがあるために，地下水が間欠的に湧くのです。

14. 間欠冷泉の水収支

　水収支とは家計簿のようなものです。雨がいくら降って，いくら蒸発し，いくら川に流れ出て，いくら地下水になって湧き出るかという問題を量的に考えます。本節での解説は6カ年平均での水収支です。湧出孔がガレ場にあるため，漏水対策が十分でなかった最初の1年間のデータは，水収支の検討には使用しませんでした。

　ガレ場の漏水対策には苦労しました。ベントナイト（粘土の一種："猫砂"），セメント，泥，新聞紙，トイレットペーパーなどを液状に混ぜ，漏斗とホースを使って漏れ口の隙間に注入します。発泡ウレタンのコーキング剤もたくさん使いました。いろいろ試しましたが，モグラ叩きのようで効果が出るまでに約1年かかりました。いつも目を光らせていないとすぐに新しい洩れ口ができます。

　前節で直接流域が3.93haであると述べました。この地域の年降水量は2,246mmです。間欠冷泉からの流出量（湧出量＋基底流出量）は年84,237m³です。逆算すると，降水のほとんどが間欠冷泉から流れ出ている計算です。これは納得できません。直接流域は実際にはもっと広いのではないかと疑ったとしても，等高線の形状と石灰岩の分布からそれ

はあり得ません。

　ごく大まかに言って，年間の蒸発散（水分が地面や植物の葉などから空気中へ逃げていく現象）はふつう年降水量の三分の一くらいはあります。どこからか，地下水が間欠冷泉の流域へ流れ込んで加わっているのではないでしょうか。

　蒸発散の量を推定するのはなかなか難しいのですが，下流にある県営ます渕ダムへの流入量と降水量の長期データをダム管理事務所から提供していただき，蒸発散量の推定を行いました。

　流域の降水量からダム流入量を差し引いた量が蒸発散量となります。ダム流入量は湖水面の上昇量と湖水面積，ダムの放流量から計算された数値です。その結果，この地域での蒸発散は年899mmであると分かりました。

　年降水量2,246mmのうち899mmが蒸発散とすると，残りの1,346mmが有効雨量です。間欠冷泉の年流出量は52,866m³（直接流域面積×有効雨量）と期待されます。しかし実際の流出量ははるかに過剰の値を示します。観測誤差と考えて無視できるような違いではありません。何か秘密の収入があるのです。

　石灰岩以外の他の岩種の所であれば，谷川へ流れ出る分（直接流出）と地下へ浸透する分とに有効雨量を（難しいですが）分ける必要があります。しかし間欠冷泉の直接流域（3.93ha）は石灰岩が主ですから，有効雨量の全てが地下へ浸透すると考えて問題ありません。吸い込み地形（孔）は確認できていませんが，直接流域内上流部にある約1.2haの非石灰岩地（北西部の浅い谷地形）への降水も全て石灰岩中へ浸入（失水）するとみなしています。ダムへの流入量に関連して，旧吉原鉱山坑道に関わる吉原川の失水量についても，大雑把ですが補正を加えました。

　満干谷の中流域に上ると秋〜冬の少雨時にも少量ながら水流があり，地下水位が高いようです（ファイル「現地様子」Sheet【アクセス】参照）。この地域の地下水が地下において間

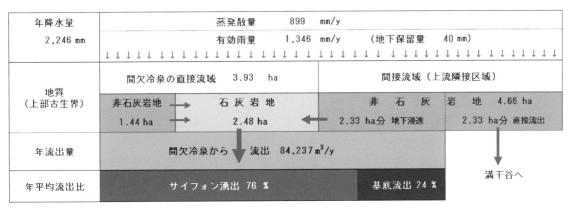

第12図　満干谷間欠冷泉の年水収支

欠冷泉の石灰岩層へ流れ込んでいると考えることができます（地質断面図 p. 6 参照）。

　結論的に，直接流域の上流側4.66haの非石灰岩地に降った有効雨量の50%（仮定値）が岩盤中に浸透し，地下で間欠冷泉の流域へ加わっているという推論になりました。直接流域に対して間接流域と呼びます。有効雨量の半分は直接流出として満干谷へ流れ出ます。現時点では仮定した条件もあり，将来の課題とすべき点が残っていますが，興味深い結果が得られました。カルシウム分が意外に少ない水質も，全流域中の非石灰岩地の比率から説明できそうです。

15. 植林地が湧き方に影響している？

　間欠的な湧き方は，雨の多い時季には間隔が短くなり，少ない時季には長くなります（第4図）。ふつうのお天気状態では数時間から4日くらいの休止が多いのですが，雨が少ない時にはそれ以上の休止日数が現れます（例：2018年12月の状態）。間欠の度毎に全ての休止が長くなるという意味ではありません。中〜小規模発作の休止時間はそれほど長くなりません。干天がつづく影響（供給量低下）は大発作の場合に大きく現れます（ファイル「休止日数と最大流量」参照）。

　第13図に6日以上の休止があった期間を表しました。雨が少なかった月を水色で示しています。青太線が6日以上にわたって水が湧かなかった期間です。これを見ると1988〜90年と1999年以降の休止日数の現れ方に違いがあるように見えます。前の年代では秋〜冬にかけて長期休止が最大3カ月以上に及んでいます。しかし後の年代では最大20日を超える程度です。それも2000年と2012年に現れたもので，それ以降には現れていません。単純に降水量の多い少ないに原因があるようには感じられません。

　特に1988〜90年と2017〜19年とを比較すると，その違いは明瞭です。後の年代の方がずっと少雨であるにも拘らず，青太線は断続的です。つまり発作が頻繁とは言えないまでも，時折り湧いたことを示しています。この違いは1990年代に始まっているように見えます。

　この地域一帯は国有林で，区域を変えて何度も杉や檜の植林が進められてきました。一方，間欠冷泉の直接流域の大半は広葉樹を主とする自然林のままです。ここにはたくさんの石灰岩の岩塊が露出し，小さなカルスト地形を作っています。植林には適していなかった所です。

　国土地理院によって数年置きに撮影された空中写真で植林地の変化を調べました。すると面白いことが分かりました。p.29で述べた直接流域に降った雨だけでは足りない間

第13図　少雨季に現れる6日以上の休止期間

（単位：mm）

	平年値 1981～2010 アメダス頂吉	1988～1989 アメダス頂吉	1989～1990 アメダス頂吉	1999～2000 アメダス頂吉	2012～2013 ます渕ダム(頂吉)	2013～2014 ます渕ダム(頂吉)	2014～2015 ます渕ダム(頂吉)	2015～2016 ます渕ダム(頂吉)	2016～2017 ます渕ダム(頂吉)	2017～2018 ます渕ダム(頂吉)	2018～2019 ます渕ダム(頂吉)	2019～2020 ます渕ダム(頂吉)
4月	171.1	178	67	168	138	136	104	271	327	269	89	157
5月	204.1	219	289	189	42	67	139	171	182	73	187	49
6月	369.4	455	222	631	290	363	152	324	506	219	423	201
7月	403.1	385	121	267	478	218	578	351	402	442	551	448
8月	207.2	106	185	282	136	553	349	387	130	181	33	427
9月	228.2	182	621	248	149	184	97	153	472	202	286	150
10月	96.1	74	55	33	42	245	150	129	150	377	44	127
11月	108.3	90	60	112	113	120	120	142	131	45	35	21
12月	91	48	73	34	104	101	104	102	168	34	86	92
1月	106.9	167	142	130	72	58	130	108	108	103	75	170
2月	107.8	237	123	36	105	102	74	122	95	38	61	
3月	162.4	135	157	149	95	175	112	84	96	193	115	
4月			190	151								
5月			180	137								

70mm/月以下の少雨月
130mm/月以下の少雨月
間欠冷泉の連続観測が行なわれていない月
6日以上の休止期間

欠冷泉の水量，それを地下水で補う地域(間接流域)と予想される上流側地域の植林は1990年代まではそれほど生育していなかったのです。

　所管の直方森林事務所で調べてもらったところ，3カ月にわたる冬季の長期涸渇があった1988〜90年頃は，植林後13〜15年目(1975年伐採，翌年3月植林)の場所でした。空中写真は植林が自然林ほどにはまだ大きくなっていないことを明瞭に示しています。

　植林が育つにつれて保水力が増し，次第に地下水が増えます。それによって2000年以降，秋〜冬の雨が少なかった年にも長い間欠性中断が現れなくなったと考えられます。

　将来，この区域の植林伐採が行われる時が来れば，再び秋〜冬の少雨季に長い間欠性中断が現れるのではないかと予想されます。また，その頃には水収支がどのように変わるか，これまた非常に興味がもたれます。

16. 月や太陽の影響

　最初の方で，月や太陽の動きが地球潮汐として関係しているかも知れないと紹介しました。ここではそれについて詳しく説明します。

　まず発作が開始した時刻と発作が停止した時刻に月と太陽がそれぞれどの方位にあるか，またその時の高度を調べました。これは国立天文台のウェブサイトにある「こよみの計算」で調べることができます。

　その結果が第15図左です。縦軸が太陽の方位，横軸が月の方位です。方位0°が真北，90°が真東，180°が真南，270°が真西です。太陽方位(縦軸)はおよそ時刻を示します。

　一つ一つの点が間欠冷泉の発作開始を示しています。四つの範囲に集中しているのが明瞭です。左上が満月の頃の出，右下が同じくその入り，左下が新月の頃の出，右上が同じくその入り，の時間帯をそれぞれ意味します。間欠冷泉の発作は月と太陽の高度がともに低い時間帯によく始まっていると分かります。発作が停止した時刻についても同じ集中が認められました。

　次に，発作開始時の太陽方位を日付毎にグラフにしました(第15図右)。このグラフからは年間を通して日の出前後と日の入り前後に発作が集中することが分かります。冬場には朝方にやや遅く夕刻に早め，一方夏場には，朝方にやや早く夕刻に遅めという傾向があります。そのためにぼんやりと楕円状リングのようにも見えます。発作停止時刻についても全く同じ傾向が認められました。

　夏場の日中には発作が少ないという傾向も明瞭です。逆に夜間の発作は夏場に多く，冬場に少ないということでもあります。

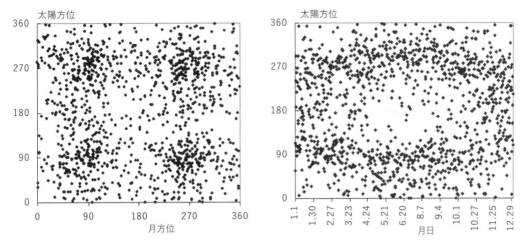

太陽方位

太陽方位

第15図　発作開始時刻における月と太陽の方位 （2012.8 ～ 2019.12）

　これらのグラフは満干谷の間欠冷泉が地球潮汐の影響を受けていることをはっきりと示しています。夏冬で時間帯がわずかにずれる現象も，夏冬の太陽高度の違いを表していることに他なりません。太陽高度は，夏場には夕暮れから夜明けまでの夜間に低く，冬場には逆に夜明けから夕暮れまでの日中に低くなります。その結果として，夜間の発作は夏場に多く，日中の発作は冬場に多くなります（ファイル「湧出＿停止時刻」参照）。

　発作停止時刻における月と太陽の方位や高度も開始時刻と同じ集中傾向を示すことについては，特別な説明が必要です。発作が始まることと停止することは水理的には逆の現象だからです。これについては後の「地球潮汐からの考察」の節で説明します。

　満干の村があった所からは谷が東へ開いているため，東～東南の方角には遠く地平線に近い山並みが見えます（第16図）。そのために当時の里山状態（図版－4参照）では見事な満月の出を眺めることができました。残念ながら今ではうっそうと茂った森へと変わっ

ていますから，こんな風景や満月を見ることはできません。

　昔の人々は，満月の出の頃に潮がよく満ちるという経験を代々重ねる中で，月の動きとの関係を理解していたに違いありません。貫兵衛さんが「満月の満潮に満ちる」と話していたことも裏付け

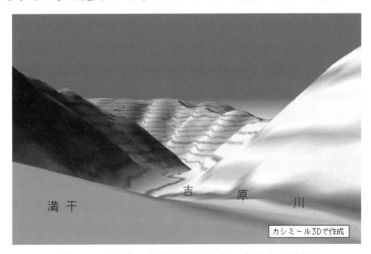

第16図　旧満干集落から見た東～東南方の地形

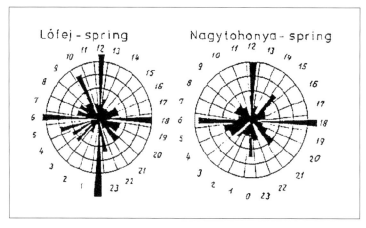

第17図　ハンガリーの間欠冷泉に見られる発作時刻頻度 (Maucha, 1989)

られたと言えます。ただ「満潮」の語は言い過ぎであったかも知れません。なぜなら満潮時刻は理論的には満月が天頂に上がった頃で，出の時刻よりも約6時間遅れる（近くの苅田港での実際の潮位は 1.5〜4.5時間）からです。いつの頃かに付け加わった言葉である可能性もあ

ります。

　しかし貫兵衛さんの家がある頂吉の村付近では，間欠冷泉が湧き出してから約6時間半遅れて小川の水が最大に増えるのです。ここでは満月が天頂に上がった頃に川水が「満ちる」という体験をします。ちなみに貫兵衛さんの家から見る東西の山並みは高く，月は天高く上がった時分にしか見られません。こう考えると，貫兵衛さん自身が体験した言葉であったのかも知れません。

　月や太陽が湧き方に影響している例が他にもないか，文献上でいろいろ探してみましたが，ハンガリーの二つの例（第17図）が見つかっただけでした。他にもあるかも知れませんが，満干谷の例は極めて珍しいものには違いないようです。

　ハンガリーの例では6時や18時の時間帯の外に0時や12時の頃にも発作の集中が見られます。それもかなりシャープです。満干谷とは少し違います。カルスト化の歴史がもつ長さの違い（裂罅群の溶食進行度の違い）が表われているのではないかと感じます。地球潮汐がどのようなメカニズムでサイフォンの動きに影響するのか，については後で説明します。

17. 地下水の貯留槽

　これまでの観測で最大の発作（2019年12月16日）では843m³（湧出量）の地下水が流れ出ました。湧出量は休止期間と発作継続中に貯留槽へ流れ込んだ量（供給量）の和に相当します。継続時間中の分を差し引くと約790m³となり，これが貯留槽の最大容積と計算されます。

先に満干谷のサイフォンは空気を非常に吸い込みやすく，かつその出口は水中に開口し，空気が滞留しやすい特性をもつのだろうと説明しました(p.23参照)。このことが非常に複雑な動き，最大流量や湧出量，休止時間などが様々のパフォーマンスをする理由です。サイフォンの高さはそう大きいものではなく，数十センチメートル程度のものでしょう。高さを仮定すると直径などを計算できます。

想定可能範囲で高さの仮定値を色々に変え，最終的に平均値としてサイフォンの高さ51cm（第7図のH），その直径12.6cm，サイフォン出口が水中にある深さ39cm（第7図のD），最大貯留時の水頭（サイフォン出口の水位と貯留水位の差）90cmなどを決定しました（第2表；p.48参照）。

仮に直方体の貯留槽790m³を考え，高さ90cmとすると，底面積は878m²となります。横幅5mとすると，奥行き175mに達します。平尾台の観光鍾乳洞である千仏鍾乳洞や目白鍾乳洞に匹敵する大きな規模です。こんな大きな洞窟がこの山の中にあるのでしょうか。ちょっと頷けません。

最近の洞窟科学では水平に伸びる大きな横穴型の洞窟というものは，急勾配の谷地形のような場所にはまず形成されないと考えられています。特別な地質条件がある場合は別です。流域面積も小さく，地下水の流量も平均すればたいしたものではありません（年平均2.7ℓ/秒）。千仏鍾乳洞の水量に比べれば，何分の一でしょうか。

謎は深まります。貯留槽は洞窟性の空洞ではないのでしょうか。

18. サイフォンはどのくらい奥にあるのか？

湧出孔は満干谷右岸の標高約430m，崖錐性の斜面にある小穴といくつかの岩礫の隙間です。洞窟探検に慣れた私でももぐり込むことはできません。タヌキくらいなら可能です。私に驚いてタヌキが飛び込むところを実際見たこともあります。奥行きは2m足らずです。

最高所にある小穴を覗いて中の様子を調べていたある日，何か水流のような音がかすかに聞こえる感じがしました。これは？ と思っていたところ，しばらくして水が出始めました。

それからはカメラを録画状態にし，LEDライトと一緒に棒の先にくくりつけて穴の中に差し込み，水が湧き始める時の音と様子が撮れないか試みました。バッテリーも1時間ちょっとしか保ちません。いつ湧くかは全く分かりません。下手な鉄砲も……の譬えそのものです。

チャレンジ開始から1年後，8回目の試みで成功しました。量水槽の増水開始6分前からかすかな水流音が録音されていました。ボリュームを上げて聴くと，最初は単発的な弱い泡裂音，続いて次第に強くなるジャワジャワと流れ下ってくるような音です。その音が聞こえなくなって3分後，量水槽の水位が上昇を始めました。水は小穴奥の小さな割れ目から湧き上がっていました。この時の発作は中規模（最大流量12.1 ℓ/秒）のものでした。

少々荒っぽい推計ですが，2.1km下流の村で6時間半後に吉原川の増水が極大に達することを合わせ考えると，サイフォンは166mの奥，18m高い位置にあると計算されます。量水槽の地盤高が海抜426.5m（簡易測量値）ですから，サイフォンのある標高は約445mとなります。

もっともそう信頼度のある数値とも思ってはいません。大湧出の場合はどうなのか，より精度高い録音調査と共に，今後に残された問題です。

19. 強い低気圧が来た

2014年3月13日，強い低気圧がやってきました。気圧は前日のお昼前から下がり始め，翌朝7時頃までに20hPaも下がりました。第18図にその様子を示しています。気圧が急

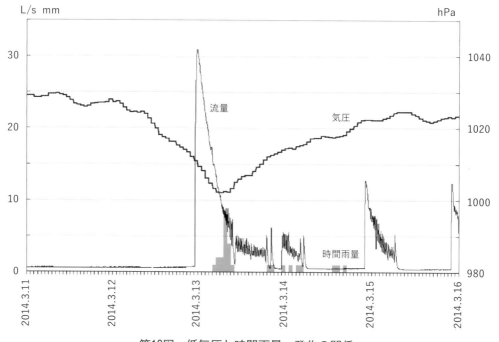

第18図　低気圧と時間雨量，発作の関係

激に下がっていく最中，雨の降り始めよりも先に大きな発作が始まりました。似た事例は他にも何回か観測されました（ファイル「気圧低下」参照）。急激な気圧低下が影響しているように見えます。

　台風の目が近づくと海面が盛り上がり，高潮が起こりやすいことはよく知られています。台風の目では気圧が低いために海面が吸い上げられます。台風の外では気圧が高いままなので逆に海面が押さえつけられる状態です。その結果は海水が台風の目に向かって集まります。

　地下水でも同じ現象が起こることがあります。気圧が急激に低下すると貯留槽（洞窟内の地底湖）の水面が高くなることがあり，同時にサイフォンの管内水位も上昇します。それによって発作が始まる場合があると考えられます。ただし広範囲から深層の地下水が供給されないような地底湖では水位は変化しません。池やダムの水位が変わらないのも同じ理由です。

　理論的には10hPaの気圧低下は水位を10cm上昇させます。先に規模の大きい洞窟の存在は満干谷では考えがたいのでは？　とも説明しましたが，ここではあえて洞窟性の空洞が貯留槽を作っているとして解説しています（空洞型貯留槽モデル）。

　次に，第19図に2018年7月3日（台風7号）の例を説明します。前月末の大雨で6月29日から湧き始めた地下水はずっと連続して洪水状態にあり，この日も流れが続いていました。

　7月2日の夜半から急に下がり始めた気圧は翌夕に990hPaまで低下し，その後回復

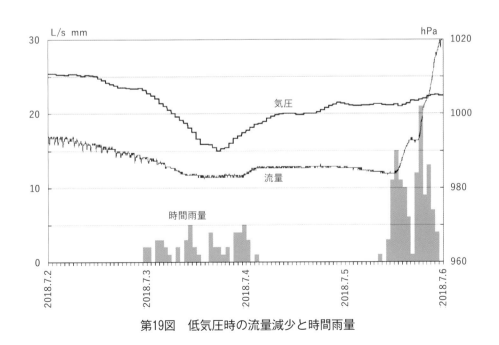

第19図　低気圧時の流量減少と時間雨量

していきます。一方，流量はその時間帯に減少しました。先の発作開始の例とは逆です。低気圧によって貯留槽（地底湖）の水位が高くなれば，サイフォンの流量は増えるはずです。変ですね。

　満干谷間欠冷泉の湧き方は空洞型貯留槽モデルでほとんど説明できますが，完全にはできないのです。さらに洞窟性の地底湖では特別な条件（自由水面がほとんど無い）を与えない限り，地球潮汐によってサイフォンの動きに影響が出るほど水面が上下するということも考えられません。地球潮汐による地下水の量の変化はごくわずかです。違ったモデルが必要です。

20. 裂罅型帯水層モデル

　今一度，空洞型貯留槽モデルでは不都合なデータと考え方を整理します。

1）貯留槽の容積が大きく求められるので，高さが低く空気を吸い込みやすいサイフォンを想定すると，大きな横穴型の洞窟が必要になる。しかし満干谷のような急峻な谷地形と小流域ではこのような洞窟の形成はないと考えられる。
2）急激な気圧低下時にサイフォン流量の減少が見られる。論理的には増水するか，あるいは変化しないはずである。
3）湧き方に地球潮汐の影響がある。広い自由水面をもつ洞窟性の地底湖では，地球潮汐による水位変化は考えられない。

　2004年までの研究では，少ないデータの中でこのような考え方の整理には至っていませんでした。「間欠冷泉＝空洞型サイフォン」の呪縛でした。が，空洞性の貯留槽が考えられないとなれば，どのような水理構造を想定すればよいのでしょう。間欠性の発作からサイフォンは必要です。

　割れ目がたくさん生じた岩層を考えてみましょう。石灰岩がもつ大きな性質は二酸化炭素（炭酸ガス）を含んだ水に化学的に少しずつ溶けることです。二酸化炭素は空気中にも少し（0.04%)[*]存在しますが，土の中にはもっと多く含まれています。空気中の数倍から数十倍もあります。植物根や微生物の働きと，通気性がよくないために二酸化炭素が濃集しているのです。

---

[*]私が中高生の頃は0.03%と習っていました。

雨水は土壌中で多量の二酸化炭素を得，弱酸性を帯びて下層の石灰岩へと浸透していきます。そして石灰岩の主成分である炭酸カルシウムとの間で化学反応を起こし，溶かします。こうして長年月の間に小さなひび割れを次第に広げていきます。石灰岩層には大小無数の割れ目が生まれます。大量の流れがある時には，幾つかの割れ目は洞窟へと発達していくこともあります。

　地下水面よりも下では，これらの割れ目はほぼ完全に地下水で満たされた状態です。このゾーンを飽和帯，その内の透水性の良い岩層を帯水層と呼びます。先に石灰岩の分布面積は2.48haと述べました。仮にこの面積で厚さ100mの石灰岩層が帯水層を作っているとしましょう。

　割れ目の割合（間隙率といいます）を仮に３％とすれば，そこを満たしている地下水の総量は，

$$2.48ha×100m × 3\,\% ＝74,400m^3$$

　大量の地下水があることが分かります。間欠冷泉から１年間に流れ出る水量におおよそ匹敵する量です。割れ目に沿ってできた流れやすい水みちに地下水が集まり，サイフォンを経て流れ出ていく，そんな水理構造が考えられます。

　サイフォンが働き始めると流速によって管内の圧力が下がります（ベルヌーイの定理）。これによって飽和帯の割れ目群から地下水（裂罅水あるいは岩罅水と呼びます）が水みちへと引き込まれます。やさしく言えば，サイフォン出口側の低い水位によって裂罅水が吸い出されるのだと表現することもできます。発作によって地下水が流れ出ると，地下水面が少しだけ下がります。発作が停止すると通気帯（地表の土壌層〜地下水面までの間）からの供給があるために，水位は休止期間中に少し戻ります。大発作が始まる前には数日をかけて地下水面がより大きく回復します。

　大雨があると地下水面が大きく上がり，発作回数や水量（例えば旬の流出総量）が増えます（ファイル「流量旬平均」Sheet【旬平均流量】参照）。100㎜の雨が浸透すると，100㎜÷３％＝3.3 m，地下水面が3.3 m上昇します。最大級の発作で700m³の水が流れ出ると，700m³÷2.48ha÷３％＝0.94 m，地下水面が94㎝下がります。

　こういうことを繰り返しているのではないでしょうか。これを裂罅型帯水層モデルと呼びます。間欠的な発作によって地下水面が上下する範囲の間隙総和が（空洞型貯留槽モデルの）貯留槽容積にあたります。第20図に表したように，サイフォン中に滞留した空気量によって次回の発作規模が決まることは空洞型貯留槽モデルの場合と同じです。併せて休止時間の長さも空気量に支配され，滞留量が少ないと短くなります。出口が水中に開いたサイフォンが要です。

雨水は石灰岩の割れ目を通って通気帯を下方へ浸透し，地下水面に達します。地下水面帯の水の一部は地下水面の勾配に従って割れ目内を横方向に流れ，基底流量として常時湧き出ると考えられます。しかし無数の割れ目が連通管の役割を果たし，地下水面の勾配は一般に緩やかになるため，流量はそう大きくはありません。

　実際，基底流量は平時には毎秒数デシリットルのわずかな量です。雨の多い時季には一時的に10倍以上，100倍くらい（例：2017.4.17のハイドログラフ）にも増えますが，集水した面積を雨量から逆算するとそう広くはありません。逆に雨の少ない時季に面積が広がる傾向があります。

　逆算からは，基底流量の集水面積は多雨時には1 haにも達しません。この広さは間欠冷泉が開口する満干谷の右岸斜面に露出している石灰岩の面積にも足りません。湧き出す地下水の大半を占める発作時湧出量についても，同じく少雨季に集水面積が大きく広がる傾向があります。細かな議論になりますので省略しますが，興味のある方はファイル「流域面積逆算」をご覧下さい。秋吉台の秋芳洞においても大雨時の集水面積は小さく求められるという研究もあります。

　先に水温変化が季節に半年の遅れを示すことから，地下水は深い所から湧き上がってくるのではないかと説明しました。これを裂罅型帯水層モデルで考えてみます。

　浸透量の大半は地下水面を上昇させ，そこに貯留します。次の雨による浸透がその上に付加します。間欠冷泉からの排水で地下水面が一時的に下がる現象をはさみながら，付加を繰り返すことによってそれまでの浸透水は次第に下層へと移動します。

　つまり流れの方向はゆっくりと下方，深層へと向かいます。浸透水は半年後にサイフォンへとつながる水みちがある深さに達し，発作時に湧き出てきます。主排水系を作る水みちが深層に生じているために，浸透水はそれに向かって流れるのだとも表現できます。このような水みちは，初生的な裂罅に沿って混合溶食作用によって生じた溶食管系（アナストモシス）であろうと思います。

　混合溶食作用とは，二酸化炭素溶存量が異なる二つの炭酸カルシウム飽和水が混ざることによって化学的に不飽和状態が生まれ，新たに溶食能力が生じる作用です。飽和帯においても，二酸化炭素溶存量が大きく異なる二つの裂罅地下水の混合点で，溶食が徐々に進むと考えられます。

　地下水面下，主管路系の深さまでの間隙総量が半年間の湧出量に当たります。帯水層（石灰岩層）の間隙率を何らか別の面から推定できれば，管路系がある深さを逆算できます。

　石灰岩層の間隙率には大きなバラツキ（1％未満〜50%以上）がふつうに見られますが，満干谷地域の間隙率については地球潮汐の影響が湧き方に現れる頻度から計算できそうです。詳しくはファイル「地球潮汐変形」をご覧下さい。結果的に管路系の深さは−58

mと求められました。

　時間雨量10㎜程度を超える強い雨があるとしばしば発作が始まります。他にも，流れ続いていた（発作継続中の）流量が強雨の直後に急増します。地表からの浸透流が集中しやすい割れ目の下層部がおそらく一時的に飽和し，高い水圧がかかるために起こる現象だろうと思います。地下水学でいう地下水堆（あるいは地下水嶺）の極端例でしょうか。

　強雨時刻と発作や急増水の開始時刻との関係を見ると，浸透流は強雨時には厚さ約150mの通気帯を1時間程度の内に地下水面まで達するようです。第19図の2018年7月5日の例では，強い雨で（被圧水頭の）急激な上昇が0.5mあったと計算できます。夜半の強雨で再び急増水し，その途中で記録が途絶えました。詳しくはファイル「流量＿水温増水時」をご覧下さい。

　山口大学の宇佐美先生は1990年4月22日の雨日，写真撮影のために補助者と一緒に秋芳洞へ入りました。観光洞部よりも奥の全くの暗闇の所です。エレベーター乗り場から入洞しようとした時に少し強い雨が降り始めましたが，気にしませんでした。そこは幾度となく経験がある，我が家の庭のような所です。

　少し入った所で，普段は全く水気のないホールの高所から地下水が小さな滝のように流れ落ち，見事な景色を作っていました。「これはいい，帰りに撮ろう」と先を急ぎ，地下川を渡って目的地に着きました。長径100m，天井高40mもある大空洞です。撮影を開始しましたが，どうも様子がいつもと違う。ふと下方の川に目をやると大きく増水しています。入洞開始から2時間後のことです。

　すぐに撮影を中止し，急いで出ようとしましたが，既にとても渡河できるような流れではなく，危険な状況です。やむなく冷静に小高い場所に上がり，一晩をそこで過ごし，翌朝に無事出洞することができました。地下川の増水は避難後も続き，減水が始まったのは夜半だったようです。

　この日の降水量は65㎜で，11時から14時にかけて時間雨量9，11，7㎜がありました（アメダス秋吉台）。極度に激しい大雨というほどではありませんでしたが，カルストの地下における増水の様子をよく知ることができる一例で，遭難記（宇佐美，1991）が参考になります。

21. 地球潮汐からの考察

　このような裂罅型帯水層モデルを地球潮汐の面から見てみましょう。太陽による潮汐力の大きさを1とすると，月はおよそ2と言われます。月は太陽よりもはるかに小さい

天体ですが，ずっと近い位置にあるために地球への影響は大きくなります。月と太陽の位置関係によってそれぞれの潮汐力が複雑に加減し合う結果，新月時に地球潮汐は最大になり，満月時もそれにほぼ同じになります。半月時に最も小さくなります。

　日々的には，月や太陽が東や西の地平線にある時刻にそれぞれの潮汐力は小さくなり，真南もしくは真北にある時に大きくなります。月に面した側の反対側にも，月の公転によって生じる遠心力のために同じ作用が働きます。これらが合力した潮汐力の影響を受ける地域は地球の自転によって移動します。海の干満が日に２回起こる理由です。より詳しい説明は私には難しいので，ウェブサイトなどの専門家の解説をご覧下さい。

　潮汐力によってわずかですが重力が小さくなり，その地域の地表面が膨張します。するととても目には見えませんが，岩石圏にあるひび割れなど（断層，節理，裂罅，地層面など）が開きます。地殻表層の低温部では，その時に割れ目を満たした地下水の水位が少し下がります。地球潮汐の影響がなくなり，膨張が元に戻ると水位も元に戻ります。全てのひび割れなどが均等に拡縮するのではなく，おそらく選択的に特定の割れ目の拡縮が全体量をまかなうのでしょう。

　前にも説明しましたが，地球潮汐による地球表面の上下変位を 25cm とします。水平方向の変位はその約1/10と言われます。膨張時の体積を１とすれば，潮汐力が小さくなった収縮時の体積比は，地球の半径を6,367km（平均値）として，

収縮時の垂直方向の比率は　　　v ＝6,367,000÷6,367,000.25
水平方向の比率は　　　　　　　h ＝6,367,000÷6,367,000.025

　よって，収縮時の体積変化の比率はv × h²＝0.9999999529と計算されます。
　収縮時には，帯水層を満たした地下水は割れ目から押し出されます。

　その量は 2.48ha×100m× ３％×（１－0.9999999529）＝ 3.5ℓ

　この量が直径12.6cm（p.35 参照）のサイフォン管に集中するとすれば，長さ28cmの水量です。つまり地球潮汐が最小となる時刻に，サイフォンの水位が28cm上がります。サイフォンの高さは51cmですから，ある程度の水が既に貯留している時にはサイフォンが働き始める可能性は十分にあります。地球潮汐が発作の引き金になるのです。

　これまで割れ目の割合（間隙率）を３％，帯水層の体積を248万㎥（＝2.48ha×100m）として仮に説明してきましたが，想定可能範囲の数段階の帯水層体積とサイフォン高から平均的に導いた最終結果は，帯水層（飽和帯の石灰岩）の間隙率2.2%，体積180万㎥と求められました。

また，飽和帯の最上部，地下水面帯の間隙率としては第17節（p.35参照）で述べた貯留槽の最大容積790m³と間欠現象に伴う水頭の最大変動幅90cm とから，別に7.1%と求められます。通気帯からの浸透水（おそらく溶食能力にまだ余裕がある）によって，地下水面帯では飽和帯よりも溶食が進んでいると解釈できます。

　先に，発作停止時刻における月と太陽の方位や高度も発作開始時刻と同じ集中パターンを示す理由，それを後で説明すると述べました。

　地球潮汐の影響で割れ目が狭まると，帯水層の地下水位が若干上がります。停止が迫っている時刻だと，それまで続いていた発作が一見長く延長する要因であるかのように思えます。

　しかしよく考えると，発作停止が迫っている時には帯水層（貯留槽）の貯留水位は既に十分下がっており，そのために動水勾配（サイフォンの上流と下流の水位差の勾配）も小さくなった状態です。停止時平均流量が小さい（平均値2.3ℓ/秒，最頻値2ℓ/秒）のもこのためです。停止時の平均水位差は3mmと求められます。

　帯水層の割れ目が狭まることで透水性が悪くなります。それによって微小な割れ目群からサイフォンへの地下水の流入が一層減少します。サイフォンへの地下水供給が停止時平均流量未満になれば，発作がストップします。このように，地球潮汐は発作停止の引き金にもなります。

　月や地球は楕円軌道をもちます。そのために月や太陽と地球との間の距離は絶えず変化しています。それによってスーパームーンとか，皆既日食，金環食などが起こります。月の公転と地球の自転によってその地域が受ける潮汐力や重力値は日々時間とともに変化しますが，両者の楕円軌道のために長期的にも大きくなったり小さくなったり変化します。その時間的変化と発作開始／停止の時刻との関係を調べれば，よりレベルアップさせた間欠冷泉と地球潮汐との関係を明らかにできるのではないかと思いますが，私には難しすぎます。今後の研究に期待したいと思います。

22. 低気圧効果への考え方

　急激な気圧低下があった時，サイフォンの発作が始まることもあれば，流れ続いていた流量が減ることもあることを先に示しました。この現象を裂罅型帯水層モデルで見てみましょう。

　湧出孔からサイフォン部までは外部の気圧変化が瞬時に伝わります。しかしそれよりも奥深い所には気圧変化の影響はすぐには現れず，以前の気圧状態を保ちます。通気帯

での空気の流れはそう良くはありません。空気の流れは不連続な割れ目で抑制される上，地表には土壌層による被覆があります（第21図）。雨時には土壌層の通気性は一段と悪くなります。

A）発作が始まっていない状態（第21図上）では，
　急な気圧低下が起こった時，サイフォン管内の水面は低気圧によって吸い上げられます。その結果，発作が始まる場合があると考えられます。

B）発作が既に始まっている状態（第21図下）では，
　サイフォンの流量を決めるのはサイフォンの上流と下流の水位差です。低気圧によって下流の水面が上がる結果，水位差が小さくなり流量が減少します。低気圧が去り気圧差がなくなると流量も回復します。第19図の例では水位差が4㎝小さくなったと計算できます。15hPaの気圧低下ですが，通気帯の不完全気密性によってこの程度の水位差なのでしょう。

　他方，洞窟性の空洞型貯留槽モデルでは，サイフォンより奥の空洞部にも外気圧の影響は速やかに現れると考えられます。理由は，洞窟というものは相当の水量が何十万年，何万年と長い年月を流れることによって発達するものです。洞窟はもちろん，その周りにも空気が容易に流れる程度の大小の空隙がたくさんできており，通気性がよいのです。鍾乳洞（石灰洞）内で酸素欠乏などによる事故は通常はまず起こりません。季節的な気流の動きもよく観察されます。

　そのためにA）の場合には外気圧に合わせて空洞内の気圧も下がるために，貯留槽とサイフォンの水位はともに上がり発作が始まることがあります。しかしB）の場合にも空洞内の気圧が下がるため，流量は増える（か変わらない）と考えられます。これは実際の観測結果と合いません。

23. 次はいつ湧くのか？

　調査を始めてから多くの人よりこの質問を受けました。率直に言って分かりません。岡山県の潮滝のような間欠冷泉では，安定したお天気であれば折々の周期は一定です（第2図）。この前いつ湧いたかが分かれば，次の見当をつけることができます。
　満干谷の間欠冷泉の場合にはこれが難しいのです。小規模や中規模の発作は，休止時

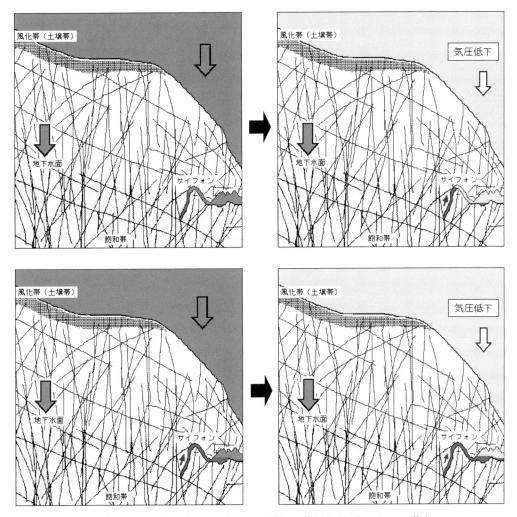

第21図　裂罅型帯水層モデルでの低気圧効果とサイフォンの動き
（上：サイフォンの休止時【A】，下：サイフォンの活動時【B】）

間に数時間〜約4日を置いて数多く湧きます。が，この理由がサイフォン中に滞留した空気量という偶然性に左右されるため，前回が23時間の間であったから次も23時間というわけにいかないのです。次が6時間後のこと，あるいは37時間後のこともあります。水神様は天の邪鬼そのものです。

　このような中規模や小規模の発作を大発作の後に何回か（1回だけのこともあれば，無いこともあります）繰り返して貯留水位が0（零）に近づくと，最後に空気を大きく吸い込み長い休止に入ります。お天気の状況によって2〜10日くらいを置いて，次の大きな発作が始まります（例：2018年10〜11月の状態）。

　しかし必ずしも最大級のものではありません。吸い込んだ空気量によっては，大きい発作が起こっても小さめです。完全流入と呼べるくらいの空気がサイフォン中に吸い込

まれた時に限って最大級の発作が始まります。700m³を超える水が流れ出し，最大流量は毎秒37ℓに達します。

　雨が少ない時季には休止は長めになります。干天が続くと，さらに長く10日以上も湧かないことがあります（例：2018年12月の状態）。

　大発作前の休止時間を先行雨量（昨日までに降った雨）との関係から見てみましょう。第22図は最大流量が毎秒27.9ℓ（大発作の平均値）以上を示した最大級発作での休止日数と，60日先行雨量との関係です。ぼんやりと関係があることが分かります。しかしバラツキが大きく休止日数の予測には実用的でありません。

　降水量に加重をかけ（例えば昨日の雨は20％，10日前は70％，30日前は40％，60日前は10％というふうに），日数もいろいろ変えてみることによって精度が高くなることが期待されます。100㎜／日以上の雨は一律に100㎜とするような"頭打ち"や，蒸発散量減算も必要かも知れません。大変な作業です。簡単ではありません。次の方たちにおまかせします。

　地球潮汐との関係から，発作が集中する時分や時間帯については先に説明しました（第15図）。この点からは，大発作であるか否か，発作の規模を問わなければ次のように言えます。

　秋から春にかけての冬場に，満月あるいは新月の頃，午後（夕刻）に訪れると発作に出遭う確率はかなり上がります。朝方でもよいですが，よほどの山好きでないと寒いし難しいでしょう。正午前後は確率は少し低くなります。少雨の年は発作回数も少なくなるため，当然出遭う確率も低くなります。冬場に雨が多い年がねらい目です。

　夏場は逆に，同じく朔望時の朝方早め夕方遅めになりますから，訪れにくい時間帯です。夏場の日中は出遭う確率は相当低いと言えます（第15図右）。夏場に野宿すれば，日暮れから早朝までの夜間に出遭う確率は日中よりもはるかに高いですが，現地はキャンプに向いた場所でもありません（実施には福岡森林管理署の許可が必要です）。

　もう少し詳しく見てみましょう。現地を訪れた時，あいにく涸れた状態であっても，「今日は発作の始まる可能性がいつもよりやや高い」とでも分かれば，しばらく待ってみようかという気にもなります。前回の発作停止からの経過時間（休止時間）が

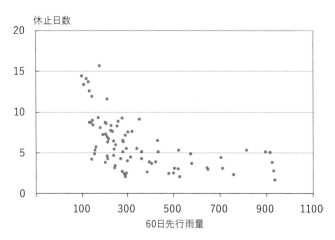

第22図　大発作前の休止日数と60日先行雨量の関係

分かる現地据置型の簡易機器が工夫できれば，これに役立ちます。また基底流量が少ない時には，堰口から流れ落ちる水の様子に発作開始数分前から初期微動的なわずかの流量変化が見られます。これを知る簡易装置もできたら面白いでしょう。

休止時間に関する統計（第23図）から，大発作でなくてよいから小さくても突然の湧出開始をとにかく目撃したいという方には，次のように言えます。訪問時が前回の発作停止から8時間以上2日くらい経過した時ならば，発作が始まる確率が高い時間と言えます。しばらく待ってみる価値があります。程々の雨がある秋から春，満月や新月の頃の午後（夕刻）ならなおよいでしょう。

何としてでも大発作を目撃したい方には，次のように言えます。前回の発作停止後2.5日以上が経過していれば，その後の3日目までが確率の高い期間です。翌日までは大湧出でなく中湧出である可能性も少し残ります。ただ，この確率は昼夜を問わず年間を通算したものですから，夏場の日中に限れば確率はずっと低くなります。冬場の日中に限れば，確率は少し高くなります。

第13図に示すように，前々月以降に適度の雨があれば，冬場でも6日以上の休止はありません。少し雨が多い冬場，満月や新月頃の午後に訪れ，前回の発作停止から2.5日以上過ぎていると分かれば，日没ぎりぎりまで待ってみる価値はあります。複数人で，各自強力ライトを必ず携行し，特に帰りの急斜面の下りには十分に注意して下さい。村までの道半ばで既に真暗闇です。無理をせず日没の1時間前には諦め，現地を発つのが無難です。

大発作体験へのベストは，雨日の多い秋〜春，満月や新月の頃の午後（夕刻），前回の発作停止から2.5日以上経過している日です。現地据置型の機器の考案，これも残った課題です。

蛇足ですが誤解のないように言えば，突然の発作開始の瞬間とは言わず，湧いている途中の状態でよければ少し雨の多い時を選んでいつでも訪問してみましょう。

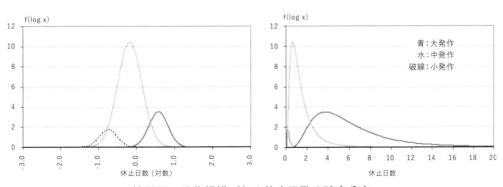

第23図　発作規模ごとの休止日数の確率分布

最後に，現時点ではデータ数が少なく統計的に有意であるとは言えませんが，秋〜春の新月頃，正午前後に大きな発作が始まる傾向がないこともないようです。地球潮汐の影響が逆に最大になる時刻帯ですから少なからず興味を引きます。しかし7年余りの観測で新月頃の大発作延べ14回の内，6回が正午前後というデータですから，統計的に結論を出すためにはさらに7〜8年の連続観測が必要です。詳しくはファイル「湧出＿停止時刻」をご覧下さい。これも将来の課題です。

第2表　最終計算結果諸量

サイフォンの直径	12.6cm	ファイル「裂罅型帯水層モデル」参照
100mmの浸透高に対する地下水面の上昇量	1.4m	
標準的な1回の大発作での地下水面低下量	25.1cm	
最大発作時での地下水面低下量	45.0cm	
地下水面帯にある石灰岩の体積	11,172m³	
地下水面帯の間隙率	7.1%	
上記間隙率を飽和帯にまで適用した時の管路系の深さ	18.3m	
石灰岩帯水層の上流域の地下水位（標高）	445m	
飽和帯の間隙率	2.2%	
上記間隙率を適用した時の管路系の深さ	58.1m	
最大発作時の水頭	90.0cm	ファイル「流量最大」参照
中＆小発作群の発作時平均水頭	9.1cm	
発作停止時の水頭	3.2mm	
サイフォン出口の水深	39.0cm	
最大発作時のサイフォン内の流速	4.2m/s	
サイフォン内の貯留水位の平均上昇速度（大発作時）	0.6cm/h	ファイル「地球潮汐変形」参照
飽和帯の間隙率1％の時，地球潮汐によって管から押し出される水柱長	6.8cm	

（注）サイフォン高51cm，帯水層体積180万m³とおいた場合の計算値

満 干 行 路

市立かぐめよし少年自然の家の前から間欠冷泉まで約3km,徒歩1時間余の道程です。

図版-1

頂吉の集落を抜け,吉原川沿いに道を進みます。洗い物を川に
置き忘れると,いつの間にか満ちて下に流されるといいます。

1990年頃まではこの辺りも水田でした（2015.2.11）。

イノシシの寝床がありました（2016.2.18）。

第2の橋を渡ります。

第3の橋を渡ります。この辺りは林道の面影が残っています。

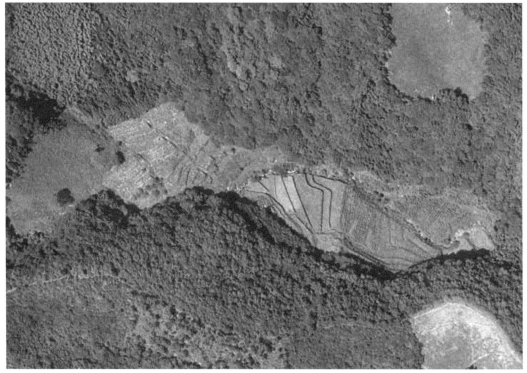

満干の一帯です。今では昭和40年代初めの杉植林が鬱蒼と育っていますが，昭和30年代までは田畑が耕作されていました。戦前までは２軒の農家がまだあったそうです。
（1961.9.19撮影の空中写真 MKU613-C27-16: 国土地理院地図閲覧サービス）

旧林道の終点，雪日の満干です（2016.1.27）。標高321m。林内には昔の石垣が
あちこちに残っています。ここで赤牟田の谷を渡り，満干谷へ上っていきます。
これより下流が吉原川です。朽ちた小屋は国有林事業時の集合解散所です。

標高380m付近の満干谷。

満干谷はこんな様子です。いつもは前ページ下図版のように伏流し、涸れ谷となって水
音のない静かな谷です。しかし間欠冷泉が大きく湧いている時にはこのように水が流れ、
小さな滝が幾つも現れて水音が響きます（もちろん雨時にも同じように流れます）。

間欠冷泉がある場所は標高430mです。右手が満干谷の谷筋です。間欠冷泉は正面の
ガレ場状の岩礫の間にある小穴から湧きます。1988年に北九州市教育委員会によって
湧き口の下方に取水堰と量水槽が設置され，湧水量を詳しく測れるようになりました。

お天気の良い日には東南方に豊前，国東が見えます。

間欠冷泉からさらに150mほど上ると，地層の褶曲が見られる場所があります。下側の地層をつくる石灰岩が溶食を受け，小さな洞窟ができています。標高約480m。

満干谷を上りつめた山の上に小さな沼池があります。すぐわきに石灰岩の露頭があり，カルスト地形のドリーネ湖と考えられます。標高約610m。奈良時代初期の『豊前国風土記』中「鹿春郷の北の峯の頂にある沼」とは，ここを指している可能性が考えられます。

調査を終えて

　足掛け35年，約350回の山行時にはいろいろのことがありました。調査を始めて5カ月経った12月のある日，初めて眼前での発作開始に出遭いました。今から思うと中クラスの小，そう大きな湧き出しではありませんでしたが，初めて見る「潮」に興奮し緊張していました。

　時々刻々と変化する水位と水温の計測に湧き口下で目を凝らし集中していた時，ふと気配を感じて振り向くとすぐ後ろに3人の女性が立っていました。ウワッと驚きましたが，落ち着いてよく見ると，一人は以前に勤め先の自然史博物館へ私を訪ねてこられた方です。

　「新聞で見た間欠冷泉について，自分は水神様を信心しているので是非訪ねたく場所を詳しく教えてほしい」とのお願いで，地図を書いてあげた方です。

　「実はあれからすぐに足を骨折してしまい来られなかった。ようやく歩けるようになったので，友達と上ってきました」とのこと。見ると松葉杖を持っていらっしゃる。驚きました。

　ご婦人たちは湧き口で水神様を拝んで帰られましたが，帰り際に「藤井さん，この湧き水は貴方が思っていらっしゃるよりもずっともっと素晴らしいものですよ」とおっしゃった。34年を経て確かに間違いなかったと思い出しているのです。

　若い頃に熱中した洞窟探検も素晴らしい世界を見せてくれましたが，歳をとって経験した満干谷の自然も素晴らしいものでした。多くの生き物にも出会いました。タヌキ，イノシシ，ウリボウ，シカ，テン，イタチ，カワネズミ，モグラ，サンショウウオ，カジカ，トノサマガエル，ヤマドリ，キジ，キジバト，メジロの群れ，ウグイス，小鳥のさえずりやキツツキの音，サル（？）の遠吠え，アサギマダラ，ヒグラシ，ツクツクボウシ，オニグルミ，カヤ，マタタビ，アケビ，キクラゲ，シイタケ，ヒラタケ，サルノコシカケなどなど，そして何種かの苦手な相手にも，いろいろな自然を体験しました。

　自然だけでなく，古くからの言い伝え，森の中に残っているたくさんの炭焼き窯や棚田跡の石垣，昔の山道，井戸の跡，坑道や試掘の跡，鉱石塊，ウィンチの残骸，それらが皆いつも私にアドレナリンを湧かせました。

　「満月の満潮に満ちる」の崎田貫兵衛さんの言葉には，「満干の潮」の素晴らしさが凝縮されています。研究の過程で，世界各地の主立った間欠冷泉の研究論文は，外国の知

人／先達の助力も得て入手すべく努力しました。英文のものに限られてはいますが，地球潮汐の影響を記したものはハンガリーのカルスト泉があっただけでした。

　やり残した問題も多くあります。本文中でも触れましたが，「次はいつ湧くのか」への疑問は先行雨量からまだまだ追求できそうです。いつの日にかどなたかが達成してほしい。潮汐力や重力値との関係から見れば，よりレベルアップさせた解析も可能でしょう。

　「満干の潮」は人による山林の利用，暴走を始めた気候変動とも絡み合って，これからもいろいろなパフォーマンスを私たちに見せてくれることと思います。足腰の丈夫な内は山歩きを楽しみながら時々は訪ね，様子を見ていきたいと思います。ファイル「現地様子」にルートや途中の風景を載せています。「健脚コース」ですが，皆さんもぜひ訪ねてみて下さい。

　コロナ高齢者接種の最中，初校時に福岡県天然記念物指定の内々の知らせが入ってきました。調査案件として挙がっていると前年秋に県と市の文化財担当者から知らせがあり，何度か現地調査の案内をしましたが，早い展開で驚きました。深い森の中にありますが，いつまでも忘れられず文化財として保護されていくことと喜んでいます。

追記：解析を進める過程で，米国カリフォルニア州のビッグ大湧泉が満干谷間欠冷泉とよく似たハイドログラフを示していることに気付きました。
　ビッグ大湧泉は桁違いに大きい（約100倍の）間欠冷泉ですが，第10節で触れた異説の一つが提唱された所でもあります。しかし満干谷と同じようにサイフォン中に滞留した空気量によって，その複雑な湧き方が説明できます。興味のある方はファイル「Lilburn Cave」をご覧下さい。

Study of a Rhythmic Karst Spring, "Michihi-no Shio",
Kokura-minami Ward, Kitakyushu City, Fukuoka Prefecture, Japan

Appendix: DVD data book

Atsushi FUJII

Dr. Sc. (geology); Curator Emeritus, Kitakyushu Museum of Natural History and Human History

Summary

"Michihi-no Shio" (Michihi Spring) is a rhythmic karst spring. Both words, "Michihi" and "Shio", mean ebb and flow. "Shio" also means sea water and currents. It's located in the southern part of Kitakyushu City, and its place is on 430 m above sea level in the mountain. In Japan, five examples are known, and Michihi Spring is the biggest one.

In this mountain , there was a small village in the early Edo period about 400 years ago.

But now the place is covered with lots of trees. The old place name, "Michihi", was derived from this spring. An old man talked a folklore that this spring flowed fresh water at high tide of the full moon. This spring was rediscovered about 45 years ago.

Reference file [現地様子 .xls]

I researched this spring hydro-geologically since 1987, and observed intensively from 2012 to 2019 in every 3 minutes with a digital apparatus. Michihi Spring shows complex behavior. There are many variations of the amount of discharge, the maximum flow rate, the surge time and the intermittency, etc.

On the biggest surge observed, the amount of discharge is 843 m^3 and the maximum flow is 37 l/s. On the smallest one, the amount of discharge is 20 m^3 and the maximum flow is 2.4 l/s.

Reference file [20160523 Intv.mp4, 20130404 大湧出 .mp4]

Usually the surge periodicity (a pause time in exactly) is irregular from several hours to 4 days, but in the season of a little rainfall, it puts a pause for about 2 weeks or more.

From autumn to winter in 1988 and 1989, however, the periods without surges were observed for 88 days and 106 days respectively. It may be for the cause of the low water-retaining capacity by forest cutting which was done in 13 years ago in this area.

[The sudden discharges commonly occur in groups in which each successive flood has a lesser flow than the previous one. Both the number of floods in a group and the quantity of water released in the first flood are clearly dependent on the length of time elapsed since the end of the last group of floods. An especially long period without floods is followed by an abnormally large surge and also by a greater than average number of subsequent surges.]

Although this is one of the descriptions by Moore and Sullivan (1978), on a big intermittent spring, Big Spring, California, US, these features are almost all same with Michihi Spring. As with Michihi Spring, the amount of air trapped in the siphon can probably explain the complexity of Big Spring. If you are interested, please reference the file "Lilburn Cave. docx" on the attached DVD.

Reference file ［休止長期ます渕 .xls, 湧出状況 .xls］

When a strong low atmospheric pressure comes, a surge often happens. Also it is observed that the discharge from the siphon decreases on that time zone. Immediately after heavy rain (more than 10mm per one hour), moreover, a surge of siphon and/or sudden raising of the flow rate are often observed.

Reference file ［気圧低下 .xls］

The annual average of surge water temperature is 12.1℃. It tends to be low in summer and high in winter. It is presumed that most of the groundwater probably flows out of the saturated zone, but not from the water table zone.

Reference file ［水温 .xls］

The geology of this area is composed of the marine strata of Late Paleozoic Era, 300 million years ago, and the direct catchment area of rain fall is 3.93 ha in which limestone area is 2.48 ha and non-limestone area is 1.44 ha. In addition it is presumed that the indirect catchment of non-limestone area is 4.66 ha, and the underground recharge from this indirect catchment increases this spring discharge.

Reference file ［地質図 .xls］

The annual discharge of Michihi Spring is 84,237 m^3, average for the last 6 years. The yearly rainfall is 2,246 mm. Based on the inflow to Masubuchi Dam downstream, the evapotranspiration is calculated 899 mm per a year. The outflow from the siphon occupies 76 % of all the discharge, and the base flow is 24 %.

Reference file ［水収支 .xls］

The start and stop of surges (about 30% of all data respectively) are concentrated on four time zones, namely around the moonrise and moonset of the full and new moons. In winter, the frequency of surges during the day is higher than at night, and in summer it is opposite of winter. These clearly demonstrate that Michihi Spring is receiving the effect of the earth tide.

Reference file ［湧出 _ 停止時刻 .xls ］

I don't think the hydrogeological structure of the spring is a syphon with a cavern reservoir. I consider that the reservoir composes of a fissured limestone bed which forms an aquifer.

Michihi Spring has a feature that air is easily inhaled. And as the syphon's outlet opens under the water, air stays in the tube so easy by this reason.

It could be thought that the irregularity of Michihi Spring was due to the amount of air trapped when the siphon flow stopped. Namely, a small surge begins after a short pause when the air trapped is little. The maximum surge begins after a long pause when the air is trapped completely.

Reference file ［裂罅型帯水層モデル .xls］

The mechanism by which trapped air is drained out is as follows. The momentum of water flowing down from the apex creates bubbles under the water surface of a siphon. This causes the air pressure in the trapped space to drop slightly.

As a result, the two water surfaces in a siphon, upstream and downstream, are raised slightly. This is followed by an increase in overflow from the apex, and the bubbles increase, the air pressure decreases further, and the overflow increases more.

As this cycle repeats in an accelerating rate, the two water surfaces in a siphon meet in short time, and a siphon flow is established. The air flows away in countless bubbles of various sizes.

Reference file ［湧出メカモデル .xls］

Major hydrogeologic parameters were decided as below.

Height of siphon	51cm
Diameter of siphon tube	12.6cm
Maximum hydraulic head of siphon	90cm
Depth of siphon's outlet	-39cm
Depth of main drainage tube system	-58m
Porosity of water table zone	7.1%
Porosity of saturated zone	2.2%
Volume of limestone aquifer	1,800,000m³

All of file data on the attached DVD are available to everyone freely for scientific research. I hope it will be a clue to lead to the more advanced analysis and to solve some pending subjects.

If you copy the folder ［満干潮］ to drive D, the hyperlink reference will work.

【引用文献】

藤井厚志（1988ａ）北九州市小倉南区満干谷の間欠冷泉に関する予察的研究（その１）．北九州市立自然史博物館研究報告，（８），p.81-98．

藤井厚志（1988ｂ）頂吉・満干谷の怪（その２）——ついに目撃，満干の潮．ひろば北九州，p.25．北九州都市協会．

藤井厚志（1998）カルスト性間欠冷泉の水理学的解析とその水文地質学的意義．北九州市立自然史博物館研究報告，（17），p.111-198．

藤井厚志（2004）北九州市小倉南区の間欠冷泉，満干の潮にみられる地球潮汐の影響．日本地質学会第111年学術大会講演要旨，p.288．

藤井厚志（2018）北九州市小倉南区，満干谷の間欠冷泉「満干の潮」付．満干谷上のドリーネ湖．郷土史誌かわら，（87），p.2-23．香春町教育委員会．

藤井厚志（2020）間欠冷泉にみるカルストの流出解析——北九州市小倉南区満干の潮の例（講演要旨）．山口ケイビングクラブ会報，（55），p.7-8．秋吉台科学博物館．

藤井厚志・川上一馬（2013）福井県越前市のカルスト性間歇冷泉（時水）について．大阪経済法科大学地域総合研究所紀要，（５），p.77-92．

伊東尾四郎［編・発行］（1931）芦原満干．企救郡誌 上編，p.696．秀巧社．

岩尾勇一・森田美奈子・岩尾明子（1972）伝承話—満干—．北九州市文化財調査報告書，第10集［頂吉］，p.131．北九州市教育委員会．

北田道男（1942）東城の一杯水に就いて．天気と気候，9（２），p.97-100．地人書館．

北九州市教育委員会社会教育部・㈱パスコ（1990.3）満干谷間欠冷泉調査報告書．［業務委託報告書］

Maucha,L. (1989) Karst water resources research in Hungary and its significance. Karszt es Barlang, special issuue 1989, p.39-50. Budapest.

Moore, G.W. and G.N. Sullivan (1978) Ebb and flow springs. in *Speleology-The Study of Caves-*, p.36-39. Zephyrus Press.

村上久義（1920）肥後国大瀬の間欠冷泉．地学雑誌，32（383），p.496-497．東京地学協会．

仲佐貞次郎（1941）広島県東城付近の一杯水（間欠湧泉）（演旨）．地理学評論，17（６），p.491-492．日本地理学会．

小川通栄（1910）息の水．地学雑誌，22（253），p.53-56．東京地学協会．

酒井軍治郎（1965）地下水学［第10章　地下水面の昇降］，p.239-248．朝倉書店．

関　忠（1987）満干谷の名の由来．宇佐美明ほか著：北九州を歩く，p.188．海鳥社．

宇佐美謙治（1991）須弥山遭難記．山口ケイビングクラブ会報，（26），p.6-14．秋吉台科学博物館．

山本頼輔（1895）間欠泉．岡山県地理，p.42-44．吉田書房．

吉村信吉・川田三郎（1942）帝釈石灰岩地の間欠冷泉，一杯水．陸水学雑誌，12（４），p.135-144．日本陸水学会．

＊その他の引用外の国内外の多くの文献に関しては右をご覧下さい．**Reference file [Bibliography]**

＊入手した文献はすべて「北九州市立いのちのたび博物館」に収められています．

【参考】

国内の他の間欠冷泉（フリー百科事典『ウィキペディア：Wikipedia』の下記項目も参考になります）

　草間の間欠冷泉（国指定天然記念物）：岡山県新見市草間

　弘法の一杯水：広島県庄原市東城町

　時水（県指定文化財名勝）：福井県越前市蓑脇町

謝　辞

　末筆となりましたが，長年にわたる調査の中で多くの方々ならびに団体／機関関係者から折々にご教示やご指導，ご助力，便宜ならびに助成などをいただきました。何人かの方は既に鬼籍に入られたのが非常に残念であります。お名前や団体／機関名等を記させていただき，厚く御礼申し上げます（敬称略，順不同）。

　鮎沢　潤（福岡大学），岩崎敏基，稲光松夫，梅田俊治，梅崎恵司・小方泰宏（北九州市埋蔵文化財センター），上田義高，上田清美，上田　崇，大池剛文，狩野清人，川上一馬，岐部高志，栗栖進一，崎田菊雄，崎田直紀，崎田敬昌，崎田義美，鈴嶋幸雄，平天海（長行小学校），田中九州男（北九州都市協会），永尾正剛（北九州市立いのちのたび博物館），畑中健一（北九州市立大学），橋本昭雄（北九州市水道局水質試験所），藤井弘志，増田シズエ，松下重夫，桃坂　豊，山口憲一，山口繁久，坂井　卓・上原誠一郎（九州大学）。

　香春町郷土史会，志井男チャレ活き生き会（志井市民センター），小倉郷土会，中谷地区まちづくり協議会（両谷市民センター），頂吉町内会，北九州自然史友の会地質鉱物研究部会。

　林野庁福岡森林管理署（同直方森林事務所），福岡県北九州県土整備事務所ます渕ダム管理出張所，北九州市市民文化スポーツ局文化部文化企画課（旧教育委員会社会教育部文化課），福岡県教育庁教育総務部文化財保護課，北九州市立かぐめよし少年自然の家，北九州市小倉南区役所，北九州市立いのちのたび博物館（旧：北九州市立自然史博物館），（株）パスコ，（株）中央精機。

　文部省科学研究費補助金（昭和63奨励研究B．課題番号63916034），（財）創生奨学会（昭和63学術研究の振興助成）。

　Ognjen BONACCl (Civil Engineering University of Split., Croatia), Andrej & Maja KRANJC (Karst Research Institute of Scientific Research Center of the Slovenian Academy of Sciences and Arts), Ray & Janet MANSFIELD (Somerset,U.K.), Trevor R. SHAW (British Cave Research Association), Bill TORODE (National Speleological Society Library,U.S.).

　本書上梓に当たって，花乱社の別府大悟・宇野道子両氏には編集などで懇切な助言を多々いただき，大変お世話になりました。

　妻の佑子は測量補助を始め，いろいろと手伝ってくれました。長年の内助に感謝です。

藤 井 厚 志（ふじい・あつし）

1945	山口市に出生
1968	山口大学文理学部理学科（地学科）卒業
1971	九州大学大学院理学研究科（修士課程：地質学科）修了
1971	農林省（構造改善局）入省 九州農政局，中国四国農政局等に勤務
1978	北九州市役所（教育委員会自然史博物館開設準備室）に転職
1981	北九州市立自然史博物館
2002	北九州市立自然史・歴史博物館（いのちのたび博物館）
2005	同上退職 北九州市戸畑区在住

【翻訳書】

『洞窟の世界』Ａ・Ｃ・ウォルサム著，　藤井厚志訳，葦書房，1982

ふくおかけんきたきゅうしゅうしこくらみなみく　かんけつれいせん
福岡県北九州市小倉南区の間欠冷泉

みち ひ　しお　けんきゅう
満干の潮の研究

❖

2021年10月25日　発行

❖

著者・発行　藤井厚志

制作・発売　合同会社花乱社

　　　　　　〒810-0001 福岡市中央区天神5-5-8-5D
　　　　　　電話 092（781）7550　FAX 092（781）7555
　　　　　　http://www.karansha.com

印　刷　　株式会社西日本新聞印刷
製　本　　篠原製本株式会社

ISBN978-4-910038-39-1